A World of B

奇妙的鸟类世界

[英] 维基·伍德盖特 绘、著　　　朱圣兰 译

CⁿS | 湖南美术出版社
·长沙·

目录

序言

  这本书将带你环游整个世界，为你呈现来自七大洲的最美的鸟儿们。我们从每一个鸟儿大家庭中分别选取了一种作为代表。事实上，它们当中有些广泛分布在多个大洲，有些在各大洲之间长途迁徙。

  在这里，你会了解到关于75种不同鸟儿的奇妙资讯，发现鸟儿世界的多彩壮观。现在，你准备好踏上这段探索鸟儿的征程了吗？准备好了的话，我们就开始吧。

世界上的鸟儿

　　世界上有一万多种鸟类，它们的体形、大小和颜色各异。它们当中有些是捕猎者，捕食鱼类、哺乳类、其他鸟类，或以昆虫和蜘蛛为食。另一些则是素食主义者，只吃植物的种子和花粉。鸟儿们之间虽有诸多不同，但所有的鸟儿都有一些共同的关键特征……

什么是鸟儿？

　　鸟是一种脊椎动物，跟人类一样有着坚硬的内骨骼。它们由蛋孵化而来，成年之后长出角质喙、一对翅膀以及布满全身的羽毛。绝大多数鸟儿都会飞，但也并非全部。

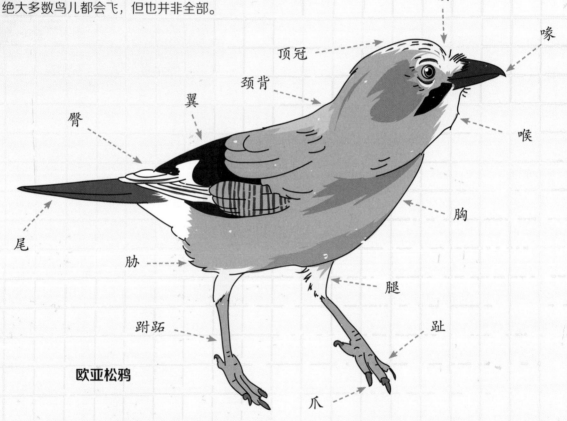

额

喙

顶冠

颈背

翼

臀

喉

尾

胸

肋

腿

跗跖

趾

爪

欧亚松鸦

　　了解鸟儿各解剖部位的专有名称有助于识别不同种类的鸟儿。

恐龙的后代

　　鸟儿是存在于百万年前、有羽毛的食肉恐龙的后代。恐龙和我们如今见到的鸟儿有一些相似之处，包括体形和生活习惯的某些方面。

喙

喙是鸟儿下颚的延伸，分为上颌骨和下颌骨两部分。鸟儿的生活习惯，特别是饮食习惯决定了喙的形状。鸟喙在整理羽毛、筑巢甚至打架当中都很有用。

交喙鸟（如下图）

这种鸟儿的喙能让鸟儿吃到松球里的种子。

金雕（如上图）

这种鸟儿有着锋利的钩状喙，可以用来撕下猎物的肉。

反嘴鹬（如上图）

反嘴鹬用它们长长的喙来寻找和捕捉藏在泥土里的猎物。

以鼻吸气

鸟儿跟人一样，用鼻孔呼吸、闻气味甚至打喷嚏。除了几维鸟以外，所有鸟儿的鼻孔都位于喙的根部。

脚

大多数鸟儿有四个脚趾，其中三个向前，一个朝后。鸟儿用脚走路、跳跃、游泳，也用脚筑巢或者捕捉猎物。

鹗

这种食肉猛禽有着锋利的爪子，我们称之为"利爪"。

麻雀

这种鸟儿脚趾很长，以便在树枝上栖息。

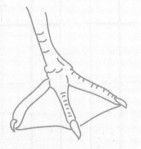

绿头鸭

蹼足使这种鸭子可以在水里游泳。

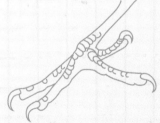

啄木鸟

两只向后的脚趾让这种鸟儿可以紧紧抓住竖直的枝干。

飞行

鸟儿通过上下挥动它们强壮且布满羽毛的翅膀来克服地心引力，实现飞行。同时，它们的尾巴如船舵一般，掌控方向，并帮助它们停止飞行——有点类似于踩刹车。不同类型的羽毛在鸟儿飞行中起着不同的作用，这些羽毛的组合让鸟儿在空中飞行时呈现出完美的流线型外观。

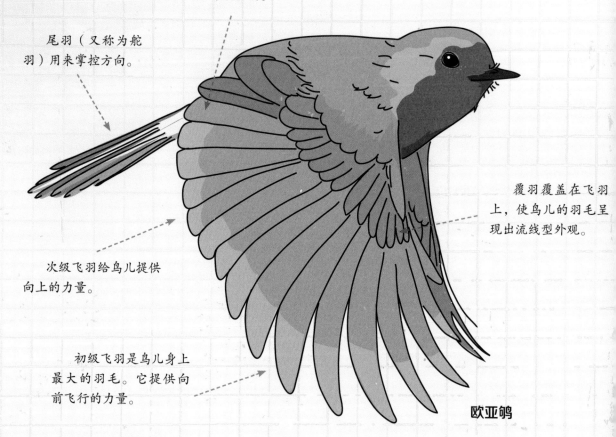

三级飞羽不如初级和次级飞羽那般重要。

尾羽（又称为舵羽）用来掌控方向。

覆羽覆盖在飞羽上，使鸟儿的羽毛呈现出流线型外观。

次级飞羽给鸟儿提供向上的力量。

初级飞羽是鸟儿身上最大的羽毛。它提供向前飞行的力量。

欧亚鸲

迁徙的故事

为了搜寻食物和寻找配偶繁衍后代，鸟儿可以飞行很远的距离。迁徙是指长途的季节性远行，它通常发生在冬季的觅食地和夏季的繁殖地之间。

飞行方式

鸟儿的翅膀和尾巴的形状决定了它们的飞行方式。翅膀长而宽阔的鸟儿可以很轻松地依托气流滑翔，而翅膀短小的鸟儿能飞得更快。（见右图）

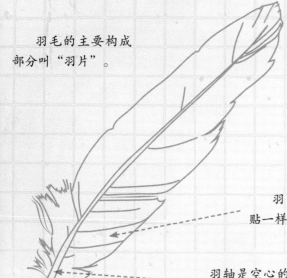

羽毛的主要构成部分叫"羽片"。

羽小钩像魔术贴一样粘在一起。

羽轴是空心的，使羽毛轻盈。

打理羽毛

所有的鸟儿都会定期用喙打理它们的羽毛。它们会精心地除去尘土，把每一根羽毛理顺，并用尾脂腺为羽毛上一层油，这样一来羽毛就防水了。

羽毛下面的绒羽起保暖作用。

脱羽

成年的鸟儿一年至少换一次羽毛。在这期间，鸟儿会脱掉旧的羽毛，长出全新的羽毛。

羽毛

羽毛使鸟儿得以飞翔，兼具保暖作用，也是自我炫耀的资本或是进行伪装的工具。鸟儿的羽毛由一种叫做角蛋白的物质构成，这种物质也构成人类的头发和指甲，这意味着它们既结实又轻盈。

像野鸭这样的鸟类飞得又快又直。

雀类会快速挥动翅膀，然后把翅膀合拢在两侧，它们在空中上下摆动飞行。

猛禽可以顺着气流滑翔并做盘旋运动。

鸟蛋

鸟蛋外壳坚硬，雏鸟便是从这里面孵化而来。一只鸟蛋里包含一只雏鸟从受精卵到成形再到最后破壳所需要的一切物质。下蛋之后，大多数鸟妈妈会自己孵蛋，即坐在一窝蛋上，给鸟蛋保暖并确保鸟蛋的安全。

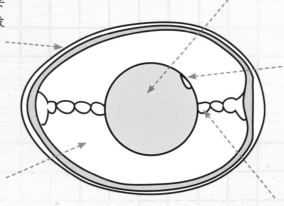

蛋黄给正在成长的雏鸟提供充足的蛋白质。

坚硬的蛋壳足以起到很好的保护作用，但当雏鸟要出壳的时候，它又能轻易破裂开来。

胚盘是精子进入卵子的地方。

蛋白保护着蛋黄并为雏鸟提供额外的营养。

系带让蛋黄悬浮于蛋白之中。

各种形状和大小

各种形状和大小的鸟蛋都有。世上最大的鸟蛋当属鸵鸟蛋，足足有15厘米高。

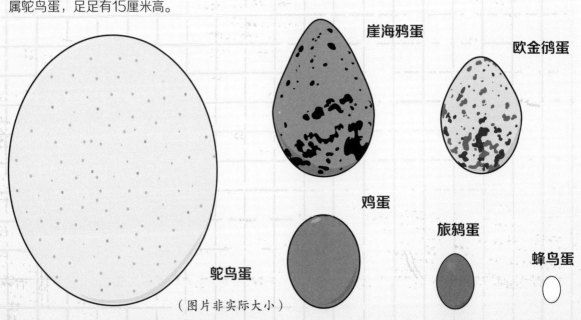

崖海鸦蛋

欧金鸻蛋

鸡蛋

旅鸫蛋

蜂鸟蛋

鸵鸟蛋

（图片非实际大小）

雏鸟

雏鸟可分为两种：早成雏和晚成雏。早成雏指完全成形的鸟儿，出生后的几分钟内便能站立，有羽毛，并能随父母一起觅食。晚成雏刚出生时光秃秃的，眼睛看不见，无法自理，需要靠父母才能存活下来。

犀鸟
（晚成雏）

鸻
（早成雏）

筑巢

大多数鸟儿都会筑巢来存放鸟蛋。有些鸟巢以小树枝为材料，结构简单；而有些鸟巢的结构精细，一般要花上好几天甚至好几个星期才能完成。有些鸟儿比如老鹰，每年都会回到同一个鸟巢，慢慢把自己的巢越筑越大。

蛎鹬
它们筑陷穴状巢，这是一种建于地面的比较简单的巢穴。

北极海鹦
它们把巢穴筑在悬崖上或河岸边。

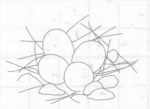

鸫
它们筑杯状巢，这是最常见的一种鸟巢类型。

纵纹腹小鸮
它们把巢筑在空心的树干里。

鸟儿大家庭

配偶关系持续终生的鸟儿也会是最细心周到的父母。大多数小鸟一旦出壳之后，会跟它们的兄弟姐妹争抢更多的食物，有些老鹰和鲣鸟甚至会把它们的兄弟姐妹扔出鸟巢。也有些罕见的例外，像是隼会和自己的兄弟姐妹建立亲密的关系，并通过一起玩耍打闹来学习、成长。

太平洋

北美洲

　　从北极一路向南到热带地区的中美洲，这一广阔的大陆涵盖了冰冻的平原和炎热的沙漠，其中还包括世界上最热的地方——死亡谷。生活在这里的鸟儿和这里的环境一样丰富多样。很多鸟儿都会迁徙，以下是四条主要的沿海和沿河的鸟儿迁徙路线：太平洋迁徙路线、中部迁徙路线、密西西比迁徙路线以及大西洋迁徙路线。每年都有数百万计的鸟儿把这几条路线当作"高速公路"，在此迁徙。

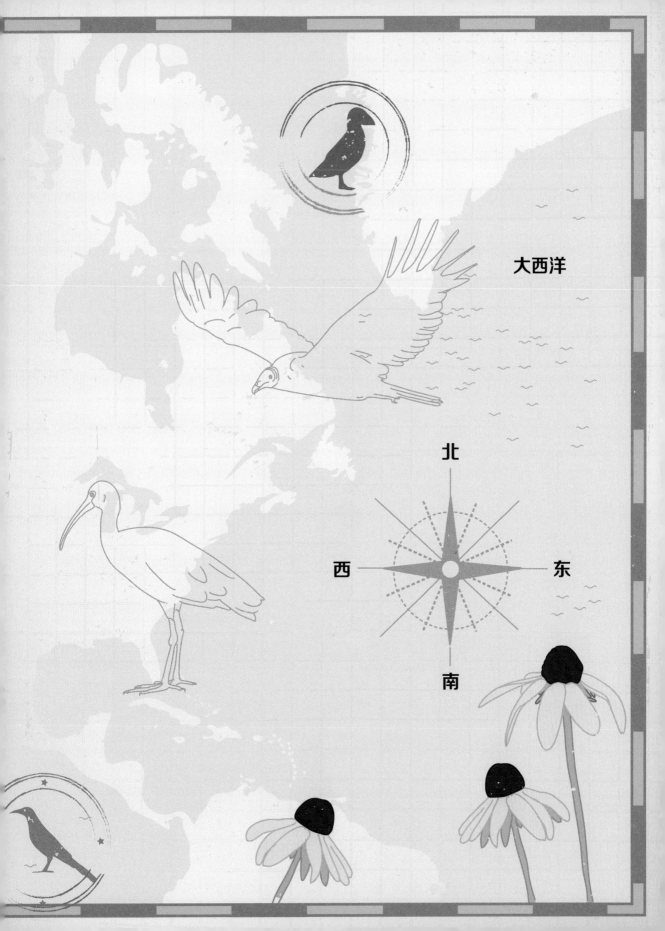

大西洋

北

西   东

南

加拿大黑雁
Branta canadensis

这种雁体形大、爱吵闹，凡是北美洲、欧洲和新西兰长了草的地方都有它们的身影。在春天和秋天，它们成群地从北向南长途迁徙，一天的飞行距离可达2400千米——几乎是整个大西洋的宽度。它们在空中结成V字形飞行。通常，它们每年的飞行路线不会改变。

它们结队飞行时的速度可达60千米/小时，能轻易达到一辆汽车的速度。

结队飞行时，加拿大黑雁会轮流在最前面带头飞行。最前面的加拿大黑雁会承受更强大的气流，当它累了，另一只加拿大黑雁会上前顶替。

嘎咯嘎咯

加拿大黑雁可以通过它的白色下颌被识别出来。

雄性的雁简称雄雁（gander）。

雄雁和雌雁长得很像。

不是所有的加拿大黑雁都会迁徙。有些加拿大黑雁，尤其是生活在城镇附近的，全年都待在同一个地方。

在繁殖季期间，雄雁会变得很有攻击性。一旦有谁靠近它的巢穴，就会被它攻击。

雏雁

蹼足

普通潜鸟
Gavia immer

普通潜鸟的哀嚎听了让人毛骨悚然。但除非你是一条鱼，否则你对这种优雅的潜水鸟没什么好怕的。这种鸟儿也被称为"北方大潜鸟"，有着强壮的、流线型的身体，非常适合在水上滑行。然而，它们并不善于在陆上行走，只在筑巢时才会上岸。

潜鸟能发出尖锐的叫声、大笑般的颤音、真假音交替的叫声以及像狼一样阴森的哀号。

嗷 嗷 嗷

名字的含义是什么？

潜鸟（loon）这个名称来自于古英语单词"lumme"，意思是"笨拙、不得体"，意指它们在陆上行走时笨拙的样子。

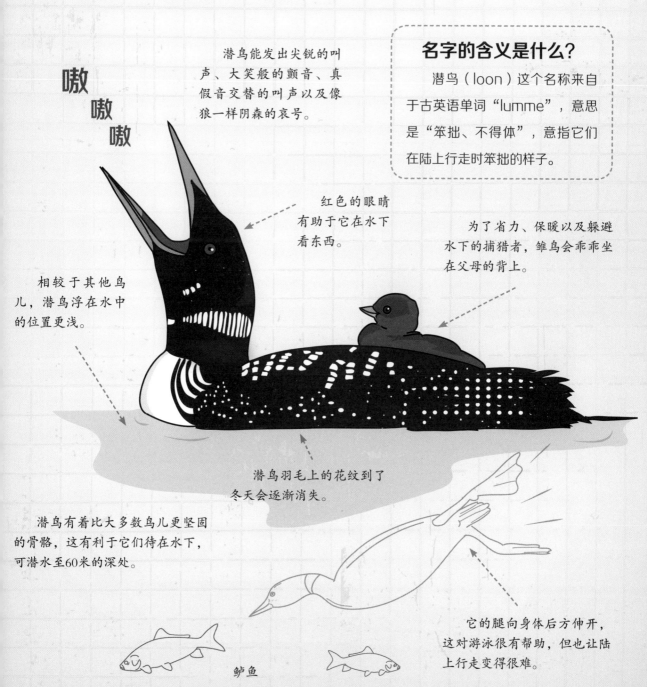

红色的眼睛有助于它在水下看东西。

为了省力、保暖以及躲避水下的捕猎者，雏鸟会乖乖坐在父母的背上。

相较于其他鸟儿，潜鸟浮在水中的位置更浅。

潜鸟羽毛上的花纹到了冬天会逐渐消失。

潜鸟有着比大多数鸟儿更坚固的骨骼，这有利于它们待在水下，可潜水至60米的深处。

鲈鱼

它的腿向身体后方伸开，这对游泳很有帮助，但也让陆上行走变得很难。

11

火鸡

Meleagris gallopavo

这种美洲本土的鸟儿有着高调的扇形尾巴、肉质的喉下皮瘤和响亮的咯咯叫声，让人一眼就能认出它们来。尽管它们的外表圆胖而丑陋，令人惊讶的是，它们能和奥运短跑选手跑得一样快，还能根据情绪变化改变皮瘤的颜色。

雄性火鸡正在展示它的尾部羽毛。

不像家养火鸡，野火鸡能短距离飞行，且速度可达90千米/小时。

在吸引配偶时，它的头和皮瘤会变成红色，而害怕时会变成蓝色。

雄性火鸡会通过咯咯叫来吸引雌性火鸡的注意。

咯
咯
咯
咯
咯

火鸡的最高跑速可达40千米/小时，几乎能和尤塞恩·博尔特（奥运会短跑冠军）跑得一样快。

尖刺

火鸡白天在地上找橡果、种子和蜗牛，晚上在树上睡觉。

蜗牛

岩雷鸟
Lagopus muta

这种耐寒的鸟儿是伪装高手。夏天，它们斑点状的棕色羽毛会和山里以及苔原上长满地衣的岩石完美混淆。冬天，它们的羽毛又会变成白色，以便隐藏在周围冰天雪地的环境中。它们的脚和腿都长满了羽毛，这有助于它们在酷寒的条件下保暖。

伪装术能让岩雷鸟逃脱北极狐、金雕和鼬鼠等天敌的追捕。

岩雷鸟是松鸡的一种，和野鸡、鹧鸪以及家养鸡同属一个大家庭。

夏羽

北极狐

红冠

呱呱呱

腿上长满羽毛用来保暖。

冬羽

它们在地面成群生活，以叶子、嫩枝和浆果为食。

长满羽毛的脚就像雪地靴一样，可以防止这种鸟儿陷进深雪里。

13

白头海雕

Haliaeetus leucocephalus

白头海雕是一种食肉猛禽，它们翱翔于高山和湖泊之间，是空中的冒险家。它们主要捕食鱼类，也会用它们如剃刀般锋利的利爪捕食像浣熊和雁那样大的猎物。求偶中的白头海雕会表演壮观的杂技。它们会抓在一起从空中速降，然后在落地的前一秒松爪。一旦求偶成功，它们会筑起所有鸟儿中最大的鸟巢。

白头海雕的白头和深色的身体让它远看上去像秃头了一样。

求偶的白头海雕会通过锁住对方利爪、在空中翻跟斗的方式测试对方的力量。

白头海雕的利爪的抓握力比人类的强10倍。

粗壮的腿

2米

白头海雕每年都会往鸟巢里添置新的东西。现今为止发现的它们最大的巢有2.7米宽、6米深。

走鹃
Geococcyx californianus

作为布谷鸟大家庭的一员，这种长腿的鸟儿可以在极端的沙漠环境中生存，其跑速可达35千米/小时，还能杀死毒蛇。"鸟如其名"，走鹃有沿路跑步的习惯。对以爬行动物为食的走鹃来说，柏油路是一个发现猎物的绝佳场所，因为爬行动物都喜欢到发烫的柏油路面来取暖。

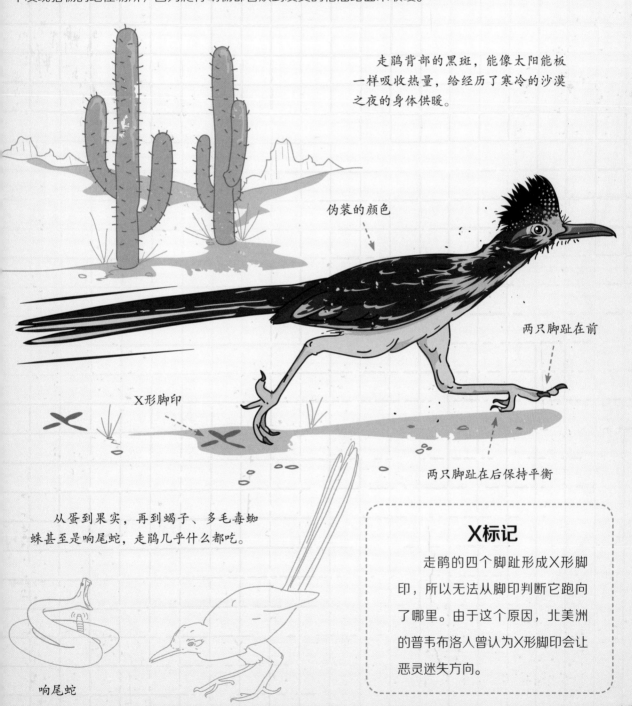

走鹃背部的黑斑，能像太阳能板一样吸收热量，给经历了寒冷的沙漠之夜的身体供暖。

伪装的颜色

两只脚趾在前

X形脚印

两只脚趾在后保持平衡

从蛋到果实，再到蝎子、多毛毒蜘蛛甚至是响尾蛇，走鹃几乎什么都吃。

响尾蛇

X标记

走鹃的四个脚趾形成X形脚印，所以无法从脚印判断它跑向了哪里。由于这个原因，北美洲的普韦布洛人曾认为X形脚印会让恶灵迷失方向。

15

冠蓝鸦
Cyanocitta cristata

这种会唱歌的漂亮的蓝色鸟儿可能看起来与世无争，但当食物稀缺时，它们会表现出争强好胜的一面。幸运的是，它们有一个妙招儿来应对食物稀缺的问题：通过完美模仿赤肩鵟这一顶级捕食者的声音，吓跑竞争对手从而获取食物。

冠蓝鸦会偷看松鼠埋坚果，然后趁其不备把坚果偷走。

当冠蓝鸦准备攻击、感觉兴奋或是求偶的时候，它的冠会竖起来。

坚硬的喙可以啄破坚果。

别具一格的"黑领"

灰松鼠

跟松鼠一样，冠蓝鸦会在秋天搜集橡子和坚果并藏起来，为冬天储备食物。

和乌鸦大家庭的其他成员一样，冠蓝鸦非常聪明，因喜欢偷闪闪发亮的东西而为人所知。

好多坚果！
一只冠蓝鸦一个季节能埋多达5000个橡子。大多数冠蓝鸦只会吃掉三分之一，剩下的可能会长成橡树。

北美黑啄木鸟
Dryocopus pileatus

　　北美黑啄木鸟是世界上最大的啄木鸟之一，它们深居森林，能用无与伦比的力量每秒啄树20次，通过这种方式把喙钻进树里，来获取它们最喜欢的食物——树皮底下的木蚁和甲虫幼虫。它们凿子般坚硬的喙能在树上凿出整齐的矩形洞，甚至可以拦腰折断细树干。

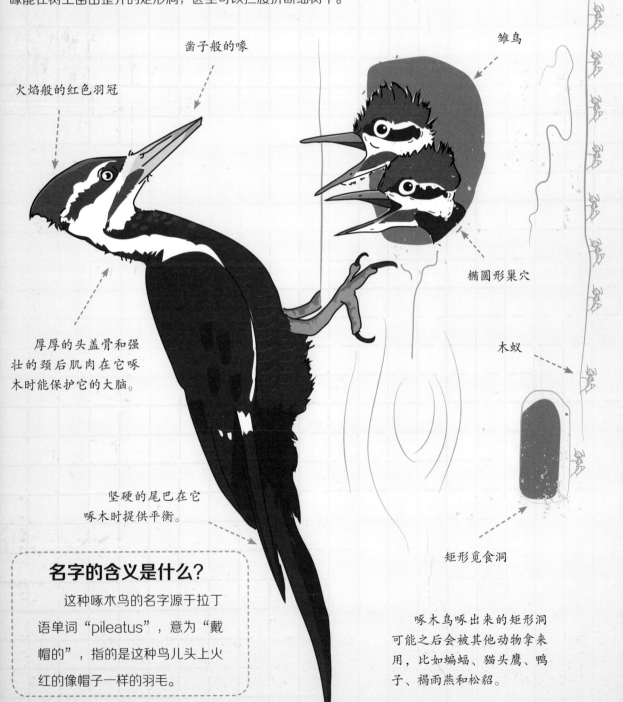

凿子般的喙

雏鸟

火焰般的红色羽冠

椭圆形巢穴

厚厚的头盖骨和强壮的颈后肌肉在它啄木时能保护它的大脑。

木蚁

坚硬的尾巴在它啄木时提供平衡。

矩形觅食洞

名字的含义是什么？

　　这种啄木鸟的名字源于拉丁语单词"pileatus"，意为"戴帽的"，指的是这种鸟儿头上火红的像帽子一样的羽毛。

　　啄木鸟啄出来的矩形洞可能之后会被其他动物拿来用，比如蝙蝠、猫头鹰、鸭子、褐雨燕和松貂。

美洲金翅雀
Spinus tristis

    这种暖黄色的金翅雀在花园中的鸟食器边很是常见。夏天，雄鸟会在胆小的雌鸟面前整理并抖松羽毛，到了秋天，雄鸟和雌鸟都会换羽，羽毛会变成橄榄棕色。如果你仔细听，可能会听到这种鸟儿飞行时的叫声，听起来像是"吱吱吱吱"。

它经常倒挂着给雏鸟喂食。

冬天，它可能会向南迁徙到墨西哥。

吱吱吱吱

它翅膀上的彩色条纹被叫做"侧排灯"。

雌鸟

雄鸟

美洲金翅雀主要以植物的种子为食，是严格的素食主义者。

18

北美红雀
Cardinalis cardinalis

这种亮莓色的鸟儿得名于天主教红衣主教（cardinal）的红袍。由于它们换羽时既不迁徙，也不改变羽毛的颜色，所以它们会和夏天的绿叶或冬天的白雪形成鲜明的对比。雄鸟和雌鸟的领地意识都特别强，会用它们的歌声赶跑入侵者。

雄鸟在求爱期间，会用喙给雌鸟递种子。

北美红雀在美国十分受欢迎，美国有七个州都把它作为州鸟。

跟大多数鸣禽不同，雌鸟待在巢中歌唱，很有可能是在问雄鸟要什么时候回来。

喊喊喊喊

雌鸟

黑色面具

雄鸟

北美红雀的领地意识非常强，强到它们会攻击自己的影子，误以为它是其他鸟儿，而这种"争斗"可以持续数小时。

太平洋

大西洋

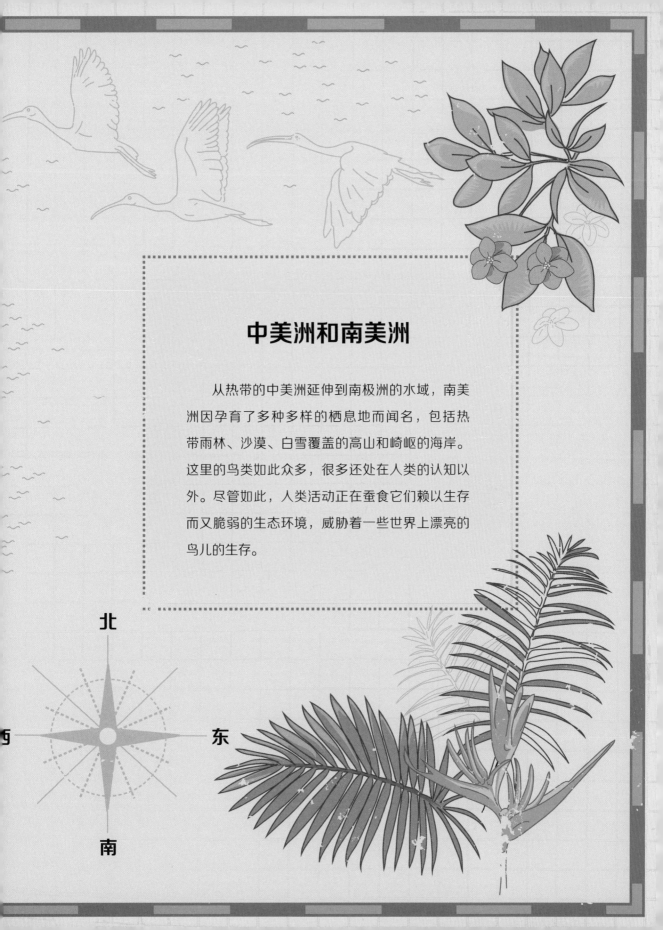

中美洲和南美洲

从热带的中美洲延伸到南极洲的水域，南美洲因孕育了多种多样的栖息地而闻名，包括热带雨林、沙漠、白雪覆盖的高山和崎岖的海岸。这里的鸟类如此众多，很多还处在人类的认知以外。尽管如此，人类活动正在蚕食它们赖以生存而又脆弱的生态环境，威胁着一些世界上漂亮的鸟儿的生存。

北

西 东

南

美洲鸵鸟
Rhea americana

生活在中美洲和南美洲的美洲鸵鸟，是该大洲上最大的鸵鸟。它们虽有着大而蓬松的翅膀，但并不能飞行，而是全靠它们长而结实的腿来脱离危险——它们的跑速可超过60千米/小时。同时，它们还能用腿给敌人致命的攻击。

鸟巢可容纳来自12只雌鸟的80颗蛋。

1米

扁平的胸骨缺少保持平衡的"龙骨突"——帮助鸟儿飞行的肌肉就长在这个地方。

抚养雏鸟

雄鸟全权负责抚养雏鸟。在求偶之前，它会准备好一个鸟巢，并通过表演吸引雌鸟。然后，会有好几只雌鸟在它的鸟巢里下蛋。雄鸟会自己孵蛋并抚养雏鸟长大。

雄鸟有时候也会"领养"非自家的流浪雏鸟。

三只脚趾让它比大多数鸟儿（长着四只脚趾）跑得快。

无羽毛的腿

1.

美洲红鹮

Eudocimus ruber

　　这种赤红色的涉禽是世界上最鲜艳的鸟儿之一。它们成群结队地行走在红树林、泥滩和河口间，用它们细而弯曲的喙在泥土里寻找甲壳类动物和其他食物。事实上，正是甲壳类动物所含的色素让它们拥有如此鲜亮的颜色。

美洲红鹮通常是不发声的，但在繁殖期会发出"咕哝"和"呱呱"的声音。

为了安全，它会和其他鸟儿，包括琵鹭、白鹭和苍鹭，结伴飞行、觅食。

长长的喙非常有利于它在泥里寻找食物。

极好的视力有助于它寻找水下猎物。

20厘米

繁殖季节它的喙会变成黑色。

黑色的翅膀尖

它以各种水生动物为食，包括虾、鱼和两栖动物。

软体动物

虾

鱼

青蛙

23

安第斯神鹫
Vultur gryphus

气势雄伟的安第斯神鹫是世界上最大的飞鸟。它们的身体比车轮胎还重，幸亏它们有着3米长的翼展，让它们得以在空中飞行。但即便这样，它们也需要借助气流来滑翔。跟其他秃鹫一样，它们也是食腐动物，靠在地上搜寻腐烂的动物尸体为生。

白色的颈毛

雄鸟的肉质头冠用来吸引雌鸟。

强壮的钩状喙能扯掉尸体上的肉。

安第斯神鹫生活在靠近高山、海岸、沙漠等多风的地带。那里向上的气流能帮助它飞行。

扇形的尾巴有助于控制方向。

3米

生命濒危
捕猎地和栖息地的流失使安第斯神鹫的数量急剧下降。但目前一系列补救措施正让这一神奇物种的数量慢慢回升。

安第斯神鹫扮演着重要的生态清洁工的角色，它甚至以包括鲸鱼在内的超大型动物的尸体为食。

角雕
Harpia harpyja

角雕是一种巨大且力量十足的食肉猛禽，长着钩状喙和灰熊爪一般长的利爪。它们栖息在树冠之中，时刻注意着底下森林里的动静。一旦发现猎物，它们便向下俯冲抓住猎物。有时候，角雕甚至会抓住比自己还大的猴子和树懒。

名字的含义是什么？

角雕的名字源于希腊神话中的鸟身女妖（harpies）——一种有翼生物，长着雕的身体和爪以及美丽女人的脸。

角雕可以通过头上的羽冠来识别。

喂 喂 喂

角雕的腿和人类的手腕差不多粗，这给了它携带沉重猎物飞行的力量。

短的翼展让它可以在茂密的植被中迂回飞行。

角雕有着所有鸟类中最大的利爪。

├────── 13厘米 ──────┤

丽色军舰鸟
Fregata magnificens

这种热带海鸟背部有着闪亮的乌黑色羽毛，到了夏天，它们的喉咙位置会长出奇怪的气球似的囊袋。作为动作敏捷的飞鸟，它们过着一种海盗似的生活，很少自己捕鱼，经常从其他鸟儿那里偷鱼来吃。

丽色军舰鸟可以翱翔于2500米的高空之中。

长长的钩状喙

丽色军舰鸟会攻击比它小一些的鸟。

哔 啵
哔 啵

它的羽毛几乎不防水，所以它接触海水的时间不能超过一分钟。

丽色军舰鸟在自己的领地之外会保持沉默。

这种充气的喉囊只长在雄鸟身上，并在非繁殖季节褪色。

雏鸟

雌鸟每隔几年才下一颗蛋，抚养一只雏鸟会花长达一年的时间。

蓝脚鲣鸟
Sula nebouxii

这种鸟儿走路笨拙，不过它们天蓝色的脚有一项更重要的工作——吸引配偶。每年它们都会表演漫长的求偶舞蹈，舞蹈内容多是滑稽地前进加抬腿。它们还会用自己小丑般的大脚掌给蛋保暖直至将其孵化。蓝脚鲣鸟的脚越蓝，代表它们越有吸引力。

蓝脚鲣鸟可以向后折起翅膀，以将近100千米/小时的速度俯冲向下，还能潜到水下25米的深处捕鱼。

蓝脚鲣鸟以集群鱼类为食，像凤尾鱼、沙丁鱼、鲭鱼等等。

终生伴侣制

蓝脚鲣鸟的求偶舞蹈内容包括抬脚和伸展翅膀。

亮蓝色的脚是身体状况好的标志。

名字的含义是什么？

蓝脚鲣鸟（英文名Blue-footed booby）的名字源于西班牙语单词"bobo"，意为"笨拙"或者"小丑"，指这种鸟儿在陆上走路的样子很笨拙。

蜂鸟
Trochilidae

　　这种如珠宝般明亮的鸟儿是动物世界里最小的种类之一。飞行时，它们看上去是一团模糊但闪闪发亮的羽毛，这是因为它们的振翅速度高于人眼能识别的速度。这种飞行特征让蜂鸟拥有一种特殊的能力——悬停在半空中，所以它们能选择最上等的花儿进食，并在进食时停留在那里。它们长长的喙能深抵花心，啜饮花蜜。

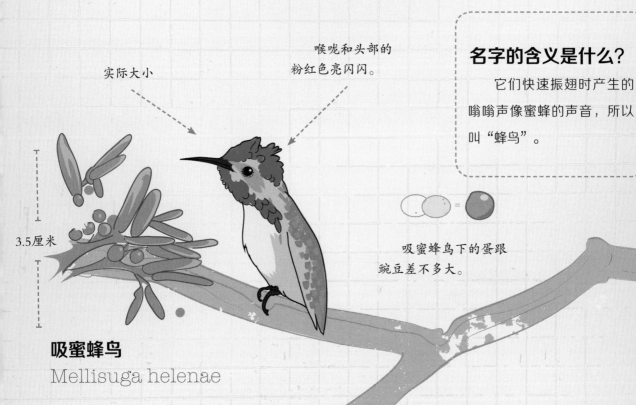

实际大小

喉咙和头部的
粉红色亮闪闪。

3.5厘米

名字的含义是什么？
　　它们快速振翅时产生的嗡嗡声像蜜蜂的声音，所以叫"蜂鸟"。

吸蜜蜂鸟下的蛋跟
豌豆差不多大。

吸蜜蜂鸟
Mellisuga helenae

　　这种极小的蜂鸟是世界上最小的鸟儿。
它只有5厘米长，体重比一个硬币还轻。

吸蜜蜂鸟振翅速度为80次/秒，
在求偶时会上升到200次/秒。

它们的心率也是世界上最快的，达1260次/分钟。

长舌头

8厘米

刀嘴蜂鸟的喙的形状和大小会根据它平时主要取食的花儿种类变化。

刀嘴蜂鸟的喙太长，没法用来梳理羽毛，只能用脚来进行。

刀嘴蜂鸟
Ensifera ensifera

这种头重脚轻的鸟儿是唯一一种喙长于身体的鸟儿，它们的喙能触及花儿的最深处。但对它们来说，保持平衡可不是一件简单的事。

红喉北蜂鸟会在迁徙前的几个月里把体重增加到接近原来的两倍。

3克

它的正常体重是3克，跟一块方糖一样重。

良好的色彩分辨能力帮助它找到那些供它觅食的鲜艳的花儿。

红喉北蜂鸟
Archilochus colubris

体型极小的红喉北蜂鸟每年冬天都会进行一次1500千米的长途迁徙，从位于美国的繁殖地向南至暖和的中美洲。

北美洲

中美洲

南美洲

29

托哥巨嘴鸟
Ramphastos toco

  托哥巨嘴鸟生活在热带雨林的高树之上，因它们五颜六色的长喙而出名，这也让它们能采摘到很多其他鸟儿够不到的果实和浆果。这种鸟儿的喙长与总身长的比率在所有鸟儿中是最大的，大约为1/3。

它的喙很轻，其骨头的缝隙中充满了一种叫做角蛋白的海绵状组织。

它的翅膀很小，只能短距离飞行，一般以跳跃为主。

63厘米

它有着深色的身体，白色的"围嘴"和橙色的长嘴。

长长的喙能伸到树洞里或者采集挂在树上的果实。

保持凉爽

  嘴里的动脉血管让托哥巨嘴鸟能快速降温、散热，就像大象会用大大的耳朵散热一样。

托哥巨嘴鸟主要以水果和浆果为食，也会吃昆虫、青蛙甚至鸟蛋。

树蛙

金刚鹦鹉
Psittacidae

    金刚鹦鹉是鹦鹉家族中最大的成员，其硕大的尾巴和闪耀的彩虹色很容易被识别。这种鸟儿很聪明，智商能达到4岁小孩的水平，可以识别形状和颜色，甚至模仿人类讲话。

金刚鹦鹉眼睛周围的那块皮肤没有羽毛覆盖，但就像人的指纹那样有着独特的图案。

长而粗糙的舌头中有一根骨。

五彩金刚鹦鹉
Ara macao

    和其他许多鹦鹉一样，一对五彩金刚鹦鹉会相伴一生。更为不同寻常的是，它们会吃泥土，这有助于它们消化其他食物。

弯曲的喙

强壮的脚趾

濒危
森林砍伐和非法宠物交易让多个金刚鹦鹉的品种被列为濒危物种。

紫蓝金刚鹦鹉
Anodorhynchus hyacinthinus

    这是地球上最大的鹦鹉，其翼展超过一米。它们弯曲的喙可以啄开坚果和水果，甚至可以啄开椰子。

椰子

麝雉
Ophisthocomus hoazin

生活在亚马孙河流域的沼泽之上，以树叶和果实为食。为了在食物匮乏的环境中生存，麝雉进化出了异常强大的消化系统，能发酵食物以便从中汲取所有的营养。但随之产生的气味让它们有了一个不好听的昵称——"臭鸟"。

长而尖的头冠

麝雉的消化器官沉重，所以它只能短距离滑翔。

麝雉过着嘈杂的群居生活，会一起发出"咕哝"和"嘶嘶"的声音，最多时候有40只生活在一起。

嘶 嘶

喉咙处巨大的嗉囊是食物发酵的地方。

鳄鱼会潜伏在麝雉巢穴下方的水中。

消化问题

食物在麝雉喉咙里的嗉囊中发酵，并在消化系统中停留45个小时。

雏鸟的翅膀上长着小爪，便于它在不小心滑出鸟巢时可以抓住能救命的东西。当雏鸟学会飞行后，小爪就会消失不见。

凤尾绿咬鹃

Pharomachrus mocinno

　　身上荧光绿的羽毛让凤尾绿咬鹃在中美洲的热带雨林中像珠宝一样闪耀。它们长久以来被古阿兹特克人和玛雅人视为神圣的象征。雄鸟身上长着两根长长的尾羽，这两根尾羽是其精心准备的求偶表演的重要部分，用来吸引雌鸟。

　　雌鸟的颜色稍有不同，尾羽更短一些。

雌鸟

雄鸟

野生牛油果

　　成年凤尾绿咬鹃主要以水果为食，尤其爱吃牛油果，也会吃一些昆虫和小动物。

在交配季节，雄鸟会长出两条长长的尾羽。

　　结成配偶的鸟儿在腐烂的树洞里抚养雏鸟。

安全的栖息地

　　凤尾绿咬鹃的很多栖息地都遭到了破坏，但它们在保护区内的数量在增长，农民也被鼓励去为它们种植野生牛油果。

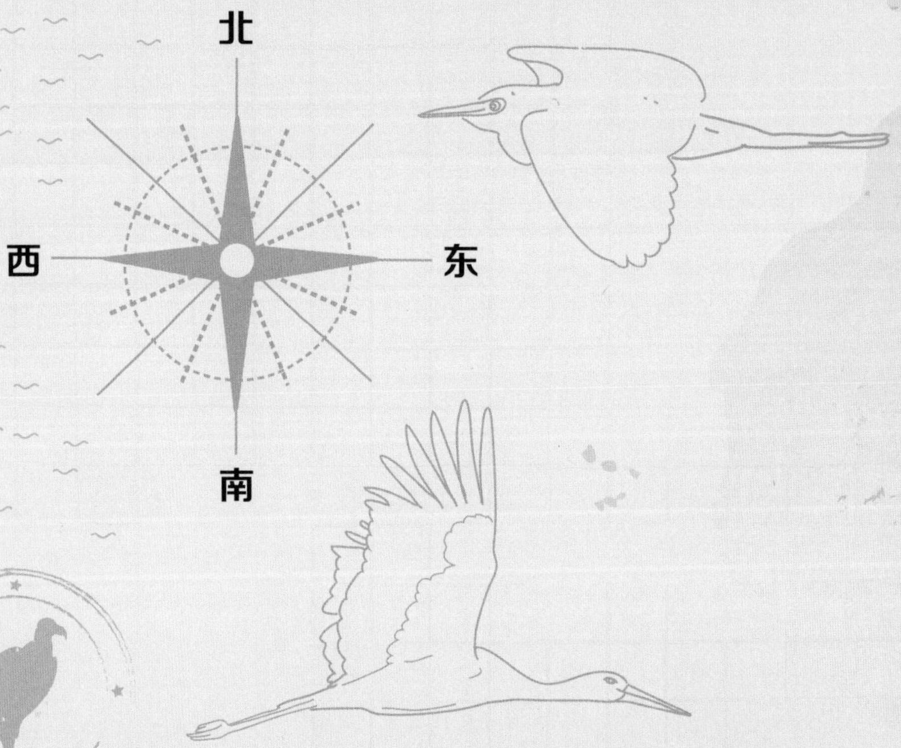

北

西　东

南

非洲

非洲气候炎热，这里也有着许多非常适合鸟类生存的栖息地：从大草原到热带森林，再到沼泽湿地。这些地区是世界上一些颜色最鲜艳、体形最大的鸟儿的家园，也让非洲成为最受欢迎的候鸟迁徙的目的地，许多欧洲的鸟儿会迁徙至此来躲避北方寒冷的冬天。环境保护和教育是保障这些鸟儿未来的关键，也是保护栖息地的关键，这些栖息地对本地的鸟和候鸟的生存都至关重要。

大西洋

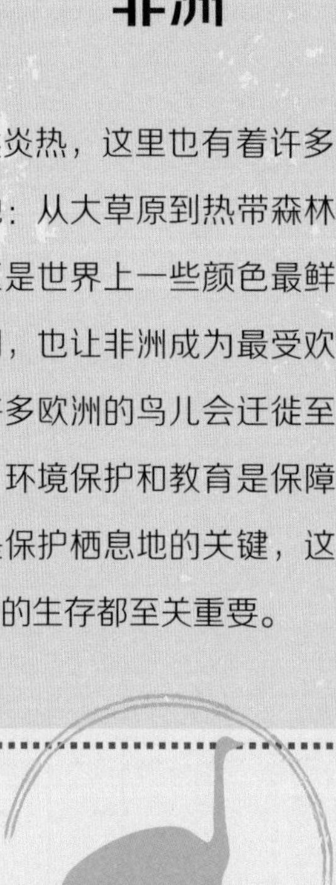

印度洋

非洲鸵鸟
Struthio camelus

这种大型鸵鸟长着优雅的脖子、厚厚的羽毛、长而有力的双腿，它们是世界上最高、最重的鸟儿。它们差不多和小象一样重，站起来比人还高。由于体重过大，它们完全无法飞行，但令人惊讶的是，它们的跑速可达到70千米/小时。

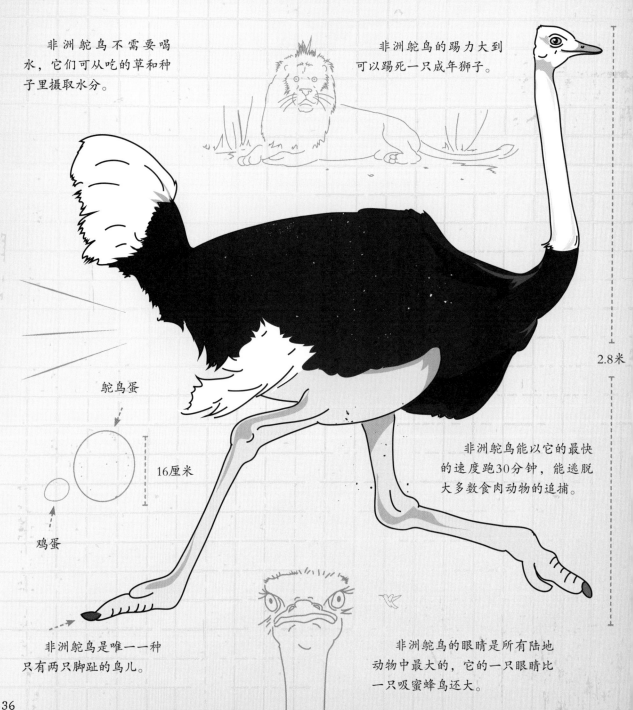

非洲鸵鸟不需要喝水，它们可从吃的草和种子里摄取水分。

非洲鸵鸟的踢力大到可以踢死一只成年狮子。

2.8米

鸵鸟蛋

16厘米

鸡蛋

非洲鸵鸟能以它的最快的速度跑30分钟，能逃脱大多数食肉动物的追捕。

非洲鸵鸟是唯一一种只有两只脚趾的鸟儿。

非洲鸵鸟的眼睛是所有陆地动物中最大的，它的一只眼睛比一只吸蜜蜂鸟还大。

厚嘴棉凫

Nettapus auritus

厚嘴棉凫也被叫作"栖鸭",因为它喜欢坐在水上的树枝上。

厚嘴棉凫是世界上最小的水鸟,它们身长30厘米。虽然它们名字中有"鹅"字(厚嘴棉凫的英文名为"African pygmy goose",其中"goose"是"鹅"的意思),但实际上它们跟鸭的血缘更近。跟林鸳鸯一样,它们喜欢在高高的树干上筑巢,但有时也会在白蚁丘甚至茅草屋顶上筑巢。

它有着跟鹅一样短而高的喙。

雄鸟的脸是白色的,耳朵两边有绿色斑块。

雄鸟

它分布在除了撒哈拉沙漠之外的整个非洲大陆。

雌鸟的脸更灰一些,眼睛两旁有深色斑块。

雌鸟

|← 30厘米 →|

这种鸟儿生活在沼泽、河流、湖泊之中,以睡莲的种子和昆虫为食。

37

斑沙鸡
Pterocles senegallus

    这种形似鸽子的鸟儿完美地隐藏在多石的沙漠之中，大多数时间都在地面觅食。它们在捕食者面前很是脆弱，所以一群鸟中会有一只"望风鸟"飞得很高来观察远处的动静。一旦有任何危险，"望风鸟"就会大声叫唤。听到警告之后，其他鸟儿会静止不动，通过伪装来隐藏自己。

在雏鸟会飞之前，雄鸟会用它特殊进化而来的胸前羽毛吸水然后带回家里。

咕 咕 咕

雄鸟会发出"咕咕咕"的叫声来宣告自己回来了。

雄鸟可以用羽毛吸收大约25毫升（约两汤匙）的水。

雌鸟尾巴和翅膀上的深色斑点为它提供了完美的伪装。

雄鸟

雌鸟

雏鸟刚孵化时长着软软的绒毛，但已经能够很好地伪装自己。

黑冠鹤
Balearica pavonina

这种高挑的鸟儿头上长着华丽的王冠似的黄色羽毛。每年，一对黑冠鹤都会一起跳舞，它们弯着脖子高高地跳到空中，以加深彼此的感情。跳舞的同时，它们还会通过气球状的喉囊发出"轰轰"的叫声。

坚硬的金黄
色羽毛像王冠。

轰
轰
嗡 嗡

它通过喉囊的膨胀可以
发出"轰轰"的叫声。

它们一般在早
上跳舞。一旦结成
配偶，它们会终生
和对方在一起。

充满活力
的"双人舞"

濒危物种

由于湿地遭到破坏，黑
冠鹤的数目正在减少。它们
被官方列为濒危物种。

它会通过踩脚的方
式来驱赶出昆虫。

1米

长长的后
脚趾有利于它
在栖息时抓紧
树枝。

蚱蜢

鲸头鹳

Balaeniceps rex

这种高挑的、面露狡黠的鸟儿长着巨大的喙，这是一种可怕的武器，能一下子击碎猎物甚至啄掉猎物的头。它们在东非温暖的沼泽水域追踪猎物，可以连续几分钟静止不动，靠伏击来获取猎物。

它的喙看着像木质的鞋子。

鲸头鹳在飞行时，每分钟只挥动150次翅膀，它是世界上挥翅速度最慢的鸟儿之一。

23厘米

剃刀般锋利的喙

鲸头鹳的食物除了鲶鱼，还有蜥蜴、啮齿动物甚至小鳄鱼。

1.4米

鳄鱼

鲶鱼

目前，世界上只剩下8000只野生鲸头鹳。

肉垂秃鹫

Torgos tracheliotos

　　肉垂秃鹫这一巨大的鸟儿是非洲最大的秃鹫，其翼展将近3米长。这种鸟儿以腐烂的尸体为食，用它们强壮的钩状喙啄开骨头、撕烂尸体，从而能吃到包括骨头和肌腱在内的其他动物吃不到的东西。

它强有力的喙可以撕裂肌腱和动物厚厚的皮肤。

它敏锐的眼睛可以发现1千米以外的尸体残骸。

2.9米

它肉肉的皮肤褶皱叫做肉垂。

它光秃秃的头和脖子很容易清洗。它在吃完东西后会到水潭边清洗自己。

它喉咙底下的嗉囊可以储存多达1.5千克（相当于一整只鸡的重量）的肉。

濒危动物

世界范围内的秃鹫都面临着被猎捕、毒害以及栖息地被污染、破坏的问题。肉垂秃鹫已被列为濒危动物。

肉垂秃鹫为了保卫自己的食物甚至有勇气赶走胡狼。

蛇鹫

Sagittarius serpentarius

这种高大的鸟儿是世界上唯一一种生活在地面上的食肉猛禽。它们每天可步行30千米，悄悄地搜寻着藏在草地里的昆虫、哺乳动物和毒蛇。为了杀死猎物，它们会用很大的力气踩踏、压碎猎物，然后一口把猎物吞掉。

名字的含义是什么？

蛇鹫的名字很可能源于它们的外表神似18世纪喜欢把鹅毛笔别在耳后的秘书（蛇鹫的英文名为"Secretarybird"，其中"secretary"是"秘书"的意思），当欧洲人第一次见到这种鸟儿时，他们脑袋里涌现的可能就是这种秘书的形象。

它长长的翎毛醒目地长在脑袋后面。

钩状喙

它虽然大多数时候在陆上行走，但也善于飞行和在树上筑巢。

它腿上的羽毛能防止腿被蛇咬伤。

它强壮的腿用来踩踏猎物。

它的利爪可以用来撕碎大型猎物。

蛇鹫因它高超的捕蛇能力而闻名。

沙氏冠蕉鹃
Tauraco schalowi

沙氏冠蕉鹃是一种铜色的优雅的鸟儿，它们生活在森林的高处，有一套很聪明的出行方式。森林里树顶茂密的植被让飞行变得很困难，但沙氏冠蕉鹃是灵敏的攀爬者，可以轻松地在树枝之间活动、觅食。它们甚至长着一对专门用来攀爬的脚趾，给它们更强的抓握力。

由于其头冠上的白色点缀，这种鸟儿很容易识别。

咔 咔 咔

沙氏冠蕉鹃羽毛上的花纹由两种只能从这种鸟儿身上找到的铜色组成。

小小的圆圆的翅膀只适于短途飞行。

这种鸟儿极少落在陆地上。

特殊的关节组织让它的外趾可以自由地朝前后旋转，从而给了鸟儿更强、更灵活的抓握力。

洋红蜂虎

Merops nubicu

这种鸟儿主要以蜜蜂和其他飞行昆虫为食。它们在半空中捕捉到猎物后，会在地面上反复拍打猎物以除掉猎物身上的刺。洋红蜂虎名字里的"洋红"是指它们身上洋红色的羽毛。

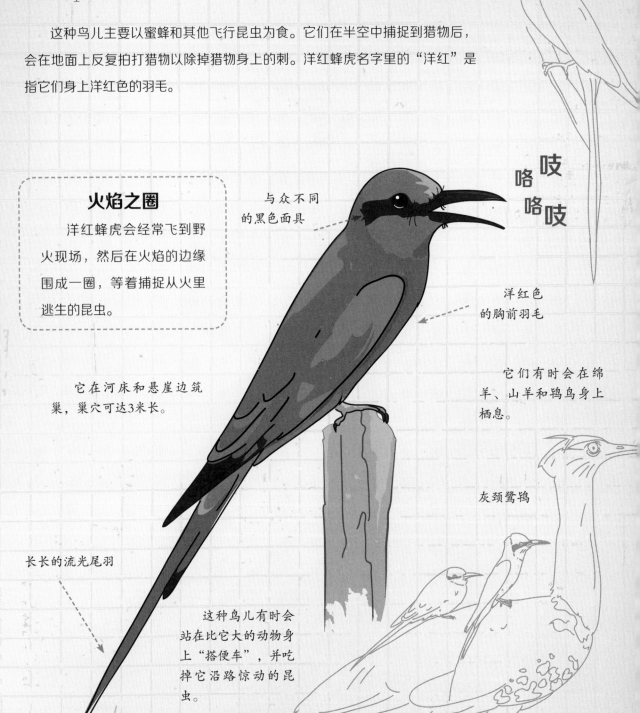

火焰之圈

洋红蜂虎会经常飞到野火现场，然后在火焰的边缘围成一圈，等着捕捉从火里逃生的昆虫。

与众不同的黑色面具

吱咯咯吱

洋红色的胸前羽毛

它们有时会在绵羊、山羊和鸨鸟身上栖息。

它在河床和悬崖边筑巢，巢穴可达3米长。

灰颈鹭鸨

长长的流光尾羽

这种鸟儿有时会站在比它大的动物身上"搭便车"，并吃掉它沿路惊动的昆虫。

家燕
Hirundo rustica

　　家燕每年都会进行非常长距离的飞行，随着季节改变从北方飞到南方。每年的大迁徙中，它们每天最多飞行320千米——相当于7次马拉松的总距离。它们会在飞行时饮水进食——快速下降去饮水或是在空中捕食昆虫。

　　在人们还不了解动物迁徙的时候，他们以为家燕消失是因为它们把自己埋进了泥土里。

泥

草

它挥动翅膀的速度为每秒8次。

它用泥土和草做成杯状巢，完成这个巢穴需要经历1200次的旅途。

长长的叉状尾巴

红色喉咙

家燕是世界上分布最广的燕种。

欧洲

非洲

世界上其他地方的家燕也会迁徙。

长途迁徙

每年都会有欧洲的家燕迁徙到非洲，迁徙路程约为11600千米。

黑额织巢鸟
Ploceus velatus

这种黄色的鸣禽是优秀的建筑大师。每年春天一到，雄鸟就会开始工作，在河流或者池塘上方的高树上，用一根根草编织成精美的圆顶巢。只有最精美的巢穴才能赢得雌鸟的欢心，所以一只雄鸟有时候会建造多达25只巢穴来吸引雌鸟。

白蚁

黑额织巢鸟的名字源于它的黑色面具一样的额头。

它每次筑巢花费的时间从几小时到几天不等。

它主要以草籽为食，但有时也吃白蚁等昆虫。

草和树叶被编织在一起。

它的尾巴能在它筑巢时帮助保持平衡。

它有时候会用光巢穴周围方圆两三米内的所有树枝。

等雌鸟选好它喜欢的巢穴时，雄鸟会把巢穴的入口筑好。

雌鸟视察鸟巢

入口

南非食蜜鸟
Promerops cafer

这种鸟儿喜欢所有甜的东西，主要以帝王花甜甜的花蜜为食，每天会吸吮多达300朵花。一旦花儿开了，食蜜鸟就开始筑巢。成鸟可以吃到充足的花蜜，而雏鸟能吃到被花儿吸引过来的昆虫。

叽叽叽叽

它弯曲的喙
可以伸进花里。

花儿的友好使者

食蜜鸟进食的时候，它们的羽毛上会落满花粉，从而携带花粉在植物间传递。这样花儿才能被授粉，然后育种、繁殖。

雄鸟飞行时会拍打翅膀发出声音，以此来吸引雌鸟。

食蜜鸟分布于高山硬叶灌木群落地区——一种只生长于南非西端的灌木地带。

雄鸟的尾巴是身体的两倍长。

高山硬叶灌木

47

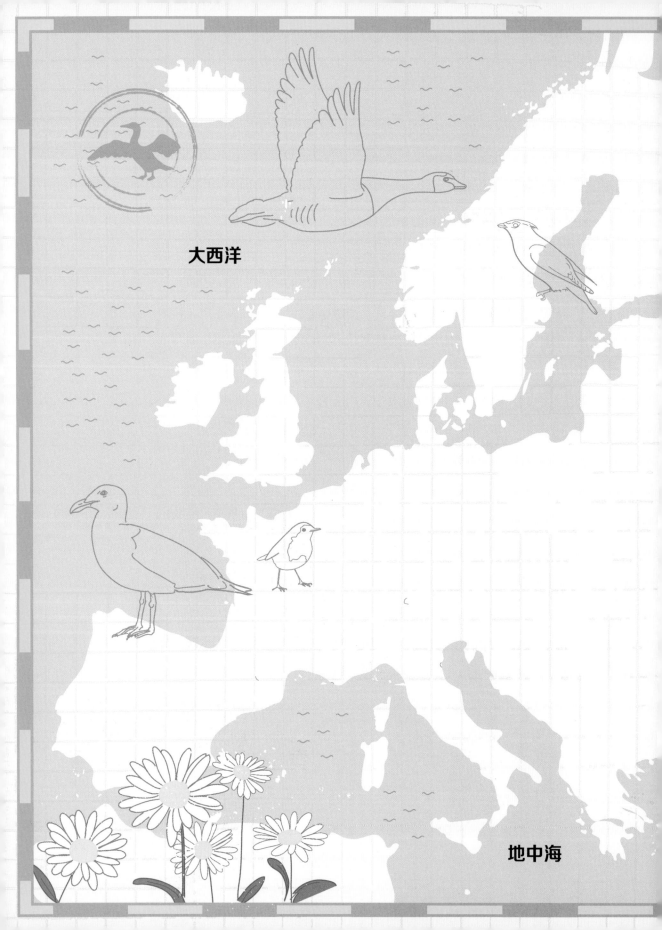

大西洋

地中海

欧洲

　　欧洲南部温暖，中部气温适中，北部寒冷，是世界上建筑物最密集的大陆之一。在欧洲，很多鸟儿已经适应了城市环境，在屋檐下或是摩天大楼上筑巢，也感受着城市更温暖的气候环境。还有些鸟儿会随着季节变化迁徙。在一些地方，打猎、诱捕以及农业活动正威胁着野生鸟儿的生存。不过，随着各个国际爱鸟组织持续为它们提供重要的救援物资，欧洲的鸟儿数目减少的趋势有望停止。

北

西　　东

南

比尤伊克天鹅
Cygnus columbianus bewickii

　　每年夏天，优雅的比尤伊克天鹅都会在俄罗斯北部的北极冻原地带繁殖。到了秋天，成群的比尤伊克天鹅会往南飞，以躲避北极酷寒的冬天。有些鸟儿会飞到北欧，有些会飞到中国和日本。比尤伊克天鹅的迁徙路途是所有天鹅中最远的，每条路线长达7000千米。

　　这种群居的天鹅形成了很强的家庭纽带，每对天鹅的配偶关系会持续很多年。

　　每只比尤伊克天鹅的嘴巴上黄加黑的图案都是独一无二的，可以用来识别不同的个体，就像人类的指纹一样。

　　迁徙时，先到的比尤伊克天鹅会特别耐心地等待自己的伴侣。

嘴上的黄色斑块

　　虽然这种天鹅的个头很小，但它们能发出响亮而美妙的叫声。

咕咕

短而平的尾巴

　　比尤伊克天鹅刚孵出来的时候是灰色的，长大之后会变成雪白色。

凤头䴙䴘
Podiceps cristatus

英国贵妇们曾一度很迷恋这种鸟儿的羽毛，喜欢用其装饰自己的帽子。凤头䴙䴘从以前的大捕杀中存活了下来，如今终于得到人们的善待。它们那细长的脖子和华丽的簇状耳羽是一道奇观，尤其当它们进行求偶表演的时候，场面更是令人叹为观止。

耳羽会在繁殖季节长出来，到了冬天会消失。

求爱期间，它们会给对方献上一束花草，这可以用来筑巢。

深红色的眼睛提升了它在水下的视力。

凤头䴙䴘很善于潜水，能在水底待至一分钟。

长矛似的喙

凤头䴙䴘不善于陆上行走，起飞时需要一段长长的助跑。

长有条纹的雏鸟经常坐在父母的背上"搭便车"。

时尚的羽毛

19世纪，英国贵妇们喜欢戴这种鸟儿的羽毛，于是它们在英国几乎被赶尽杀绝。一群妇女（她们后来成为皇家鸟类保护协会的成员）改变了人们对戴羽毛的态度，挽救了这种鸟儿的命运。

苍鹭
Ardea cinerea

这种长腿涉禽经常在池塘边或河边站着一动不动，耐心观察着水里的动静。一旦有任何小动物经过，苍鹭便以闪电般的速度抓走猎物，小型的鸭子也不在话下。

苍鹭飞行时，腿向后伸展，长长的脖子向后弯曲。

它长而锋利的喙可以像长矛一般刺穿猎物。

哗嘎

苍鹭会把巢穴筑在大树的高处，并且每年返回同一个巢穴中。

通过快速的伸直脖子，苍鹭能以惊人的速度发起攻击。

芦苇莺

长长的腿让苍鹭可以轻松地在水里或陆上移动。

丁鳜

苍鹭以鱼类、两栖动物、哺乳动物和鸟类为食。苍鹭会把体形小的猎物一口吃掉，大些的猎物则带到岸边慢慢吃。

青蛙

大杜鹃
Cuculus canorus

当大杜鹃从过冬避寒的南方返回欧洲时，其欢快的叫声无疑是春天开始的标志。大杜鹃会把蛋下在其他没有戒备的鸟儿的巢中，让自己的蛋和巢里的蛋一起孵化。大杜鹃的雏鸟一旦孵化出来，便会杀死巢中的其他雏鸟来确保自己的生存。

"养父母"从来没意识到它们孵化的大杜鹃并非它们亲生。

大杜鹃雏鸟通常比它的"养父母"的个头大很多。

咕一咕
咕一咕

雄鸟会发出"咕咕"的声音来向雌鸟求爱。

大杜鹃发出叫声时胸脯会扩张。

大杜鹃可以通过它条纹状的腹部羽毛来辨认。

凶手！
一旦孵化出来，大杜鹃会把它们身边所有的雏鸟和鸟蛋推出巢穴杀掉，这样它们才能有足够的食物存活下去。

羽翼丰满的雏鸟知道什么时候迁徙以及迁徙到哪里，尽管它们要在晚于父母一个月后独自迁徙。

猫头鹰
Strigiformes

　　这种夜行鸟通过它们敏锐的嗅觉和近乎无声的飞行在夜间捕猎。它们圆圆的脸盘直接把声音导向耳朵，即使在黑夜中，它们也能因此精确地定位猎物。它们大大的眼睛使它们具有极佳的夜视能力。它们还可以270度扭动脑袋来观察周围的情况。

　　乌林鸮有着所有食肉猛禽中最大的脸盘。

　　两只朝前的眼睛给了它很好的深度知觉。

　　乌林鸮通过听猎物的心跳声来发现它们。

野鼠

　　它会咳出无法消化的东西，比如骨头、毛发。

啮齿动物的头骨

小弹丸

　　大多数猫头鹰白天在岩石的裂缝里甚至树枝上睡觉。

乌林鸮
Strix nebulosi

　　从长度来看，这种猫头鹰是世界上最大的猫头鹰，主要生活在俄罗斯、斯堪的纳维亚以及北美。它们可以听到雪下50厘米小动物的动静，然后扎进雪堆抓住它们。

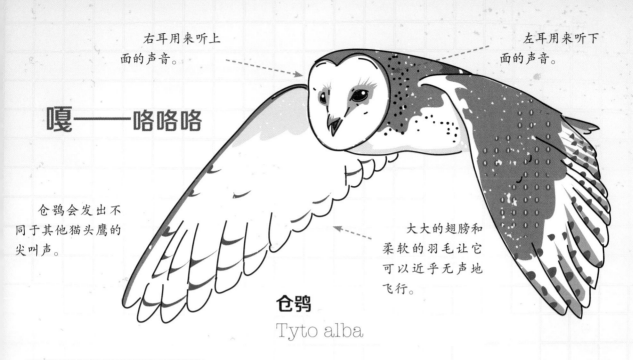

右耳用来听上面的声音。

左耳用来听下面的声音。

嘎——咯咯咯

仓鸮会发出不同于其他猫头鹰的尖叫声。

大大的翅膀和柔软的羽毛让它可以近乎无声地飞行。

仓鸮
Tyto alba

仓鸮是世界上分布最广泛的猫头鹰，它们生活在除了南极洲以外的所有大洲上。它们长着漂亮的心形脸盘，有着黄金般的羽毛，很容易让人辨认出来。

古老聪慧的猫头鹰

在民间传说和故事中，猫头鹰经常被描绘成聪明的动物。在古老的希腊神话中，纵纹腹小鸮是智慧女神雅典娜的神圣之鸟。

仓鸮一晚上最多能吃4只啮齿动物。

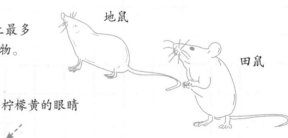

地鼠

田鼠

圆润的身躯

柠檬黄的眼睛

纵纹腹小鸮
Athene noctua

纵纹腹小鸮生活在温暖的欧洲南部，它们跑速很快，更喜欢借助跑步而非飞行来捕猎。它们白天经常在灌木丛中追捕猎物。

长长的腿

北极海鹦
Fratercula arctica

　　这种小型海鸟因其明亮的、鹦鹉般的喙而闻名，另有绰号"海上的小丑"。北极海鹦大部分时间都生活在海上，但每年夏天，成千上万只北极海鹦会聚集在海岸边和近海岛屿上，它们在这里配对并在地下筑巢。有些配偶关系可以持续20年之久。

　　北极海鹦非常善于游泳，可以潜水到60米的深处。它的喙可同时容纳12条鱼。

它的喙在冬天是灰色的，在春天为了求偶而变色。

蹼足使其可以在水下游泳。

沙丁鱼

啊啊啊——

小海鹦被叫作"海鹦宝宝"。

北极海鹦每年只产一颗蛋。

56

普通鸬鹚

Phalacrocorax carbo

这种黑色的看似爬虫类的水鸟，经常在木桩和浮标上栖息，在太阳底下伸展翅膀，晒干羽毛。普通鸬鹚是极具天分的捕鱼达人，可以深潜到水中捕猎，一只普通鸬鹚每天消耗掉的鱼与其身体重量相当。

纤细的钩状喙

成年鸟的黑色羽毛上有一层蓝色或绿色的光泽。

蹼足有利于水下游泳。

人们认为这个姿势有利于普通鸬鹚潜水之后弄干翅膀，也有科学家认为这是为了帮助消化。

坚硬的尾巴

普通鸬鹚生活在海岸边、湖边、河边以及河口处。

酸性粪便

普通鸬鹚会把巢建在海岸周边的悬崖或者树的高处。但它们的粪便酸性特别高，足以在几年之内杀死它们在其上筑巢的树。

戴胜鸟
Upupa epops

戴胜鸟的名字来源于它们的叫声（戴胜鸟的英文名"Eurasian hoopoe"，其叫声听起来像"哦噗哦噗"）。它们经常在欧洲、非洲以及东亚温暖的地方晒日光浴。戴胜鸟有着奇异的外表——大大的头冠和斑马条纹的翅膀。它们还会通过发出强烈的恶臭气味的方式赶走捕猎者。

戴胜鸟会向后伸展头部来享受日光浴。

竖起来的头冠

戴胜鸟振翅时不会完全收拢翅膀，而是半收拢，所以它跟蝴蝶一样有着波浪式的飞行方式。

这种喜欢阳光的鸟儿还喜欢尘土浴。

除了繁殖季节，戴胜鸟大多时候不会发出叫声。

戴胜鸟着陆时头冠会竖起来。

它在岩石缝中、树上，甚至建筑物内筑巢。

哦噗
哦噗——

弯曲的喙有利于在植被和泥土中觅食。

甲虫

戴胜鸟以幼虫、甲虫为食，有时候也吃青蛙。

青蛙

恰到好处的臭味！

戴胜鸟可以通过尾脂腺喷出一股腐肉般的臭味。这样不仅能使捕猎者远离它们的巢穴，也可以吸引昆虫入巢然后把它们吃掉。

普通翠鸟
Alcedo atthis

　　在河边或者湖边，一道蓝绿色的闪光飕飕而过——普通翠鸟总是以这种方式出现在大多数人的面前。这是因为普通翠鸟能以超过90千米/小时的惊人速度扎入水中捕鱼。每只鸟都有一块小小的属于自己的捕猎领域，其匕首似的喙可以刺穿猎物。

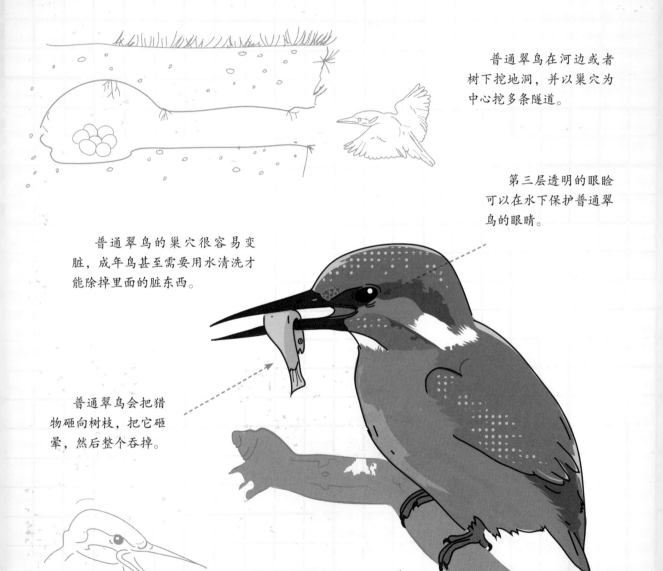

普通翠鸟在河边或者树下挖地洞，并以巢穴为中心挖多条隧道。

第三层透明的眼睑可以在水下保护普通翠鸟的眼睛。

普通翠鸟的巢穴很容易变脏，成年鸟甚至需要用水清洗才能除掉里面的脏东西。

普通翠鸟会把猎物砸向树枝，把它砸晕，然后整个吞掉。

求偶时，雄鸟会给雌鸟献鱼作为礼物。

紫翅椋鸟
Sturnus vulgaris

乌黑发亮的紫翅椋鸟生活在世界的各个角落，包括很多城市地区。当天气变冷的时候，它们以惊人的数量聚集在一起，在空中像一团烟雾般划过。有史以来记录的最大鸟群数量在600万只以上，这可比丹麦的人口还要多！

人工饲养的紫翅椋鸟可以模仿人类讲话。

绚丽的鸟群

有时，鸟群会形成一种壮观的飞行场面，我们称之为"绚丽的鸟群"。最精彩的场景莫过于当危险来临时，鸟群会组成紧密的队列，统一协调行动并快速飞行，这样一来捕猎者就很难找到单个的容易攻击的目标。

切特——切特

它的喙冬天呈黑色，夏天呈黄色。

紫翅椋鸟刚换羽时，它的黑色羽毛上会长满白色斑点，到了冬天，这些斑点会慢慢消失。

它们成群栖息在一起，数量可多达100万只。

如果你靠近观察一只紫翅椋鸟，会发现它的黑色羽毛能焕发出绿色和紫色的光泽。

短尾

山雀
Paridae and Aegithalidae

山雀属于雀形目这一大家庭，长着小而圆润的身子，主要分布在北半球和非洲，因其机敏的智力而闻名，其智力只在乌鸦和鹦鹉之下。它们互相学习，甚至还会用薰衣草这种草本植物给巢穴消毒。

蓝山雀身体轻盈，擅长表演"杂技"。

蓝山雀
Cyanistes caeruleus

这种色彩鲜艳的小型山雀是最受欢迎的花园访客。冬天，它们会和家人们生活在一起，一起寻找食物。

雄鸟比雌鸟颜色更亮丽。

吱吱吱

银喉长尾山雀
Aegithalos caudatus

毛茸茸、叽叽喳喳，这种鸟儿生活在小群落之中，喜欢栖息在长树枝上，互相依偎取暖。它们的巢穴由蜘蛛网、苔藓以及毛发构成。

凤头山雀
Lophophanes cristatus

凤头山雀长着俏皮的头冠和黑白相间的脸，很容易辨别出来。它们会在秋天储备食物，为接下来几个月的寒冬做准备。

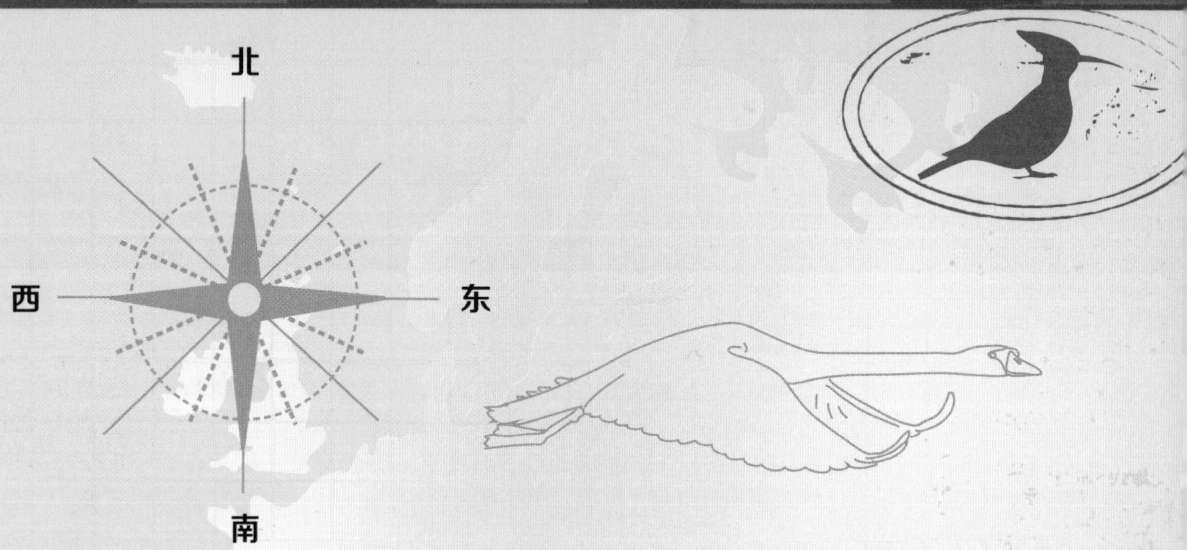

北

西　　　东

南

亚洲

　　亚洲这一广袤的大陆拥有着世界上最大的面积，因此它包含多种多样的气候和栖息地也就不足为奇了。它向北抵达北极圈的边界，向南的海岸线延伸至印度洋和太平洋的温暖海域。此外，它还包含世界上最高的高山地区，其中包括世界最高峰珠穆朗玛峰所处的喜马拉雅山脉。虽然许多亚洲文化中都有保护鸟儿的意识，但亚洲部分地区的非法鸟类交易仍在继续，其中有些物种因在交易中被大量宰杀现已濒临灭绝。

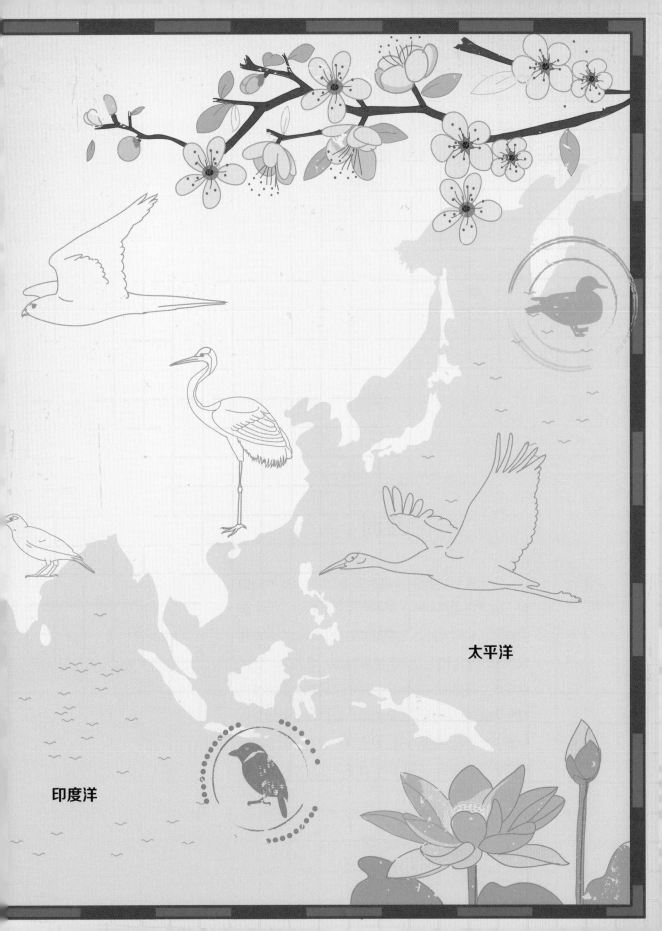

太平洋

印度洋

鸳鸯
Aix galericulata

外表华丽的鸳鸯被一些人认为是世界上最美的鸭子，也长期被看作是忠诚的象征。在韩国有些地区，人们会把鸳鸯送给结婚当天的新人以示祝福！但除去浪漫的外表，它们其实跟其他大多数鸭子无异，和配偶的关系只维持一个季节。

味道恶心！

鸳鸯是世界上唯一一种不被猎捕为食的鸭子，据说它们的肉尝起来很恶心！

雄鸟

帆状的羽毛是飞行羽毛的延伸。

雏鸭从树上的巢穴跳到柔软的森林地面上。

雌鸟羽毛的颜色可以让它伪装起来。

雏鸭

雌鸟

繁殖季节过后，雄鸟的羽毛会掉色。如果忽略掉它与众不同的红色喙，它看起来和雌鸟一样。

跟大多数鸭子不一样，鸳鸯的爪子很锋利，用来帮助它攀爬到树上的巢穴中。

红原鸡
Gallus gallus

　　这种争强好胜的野鸡是所有家养鸡的祖先。它们自由自在地生活在东南亚的森林里，鸡群内部有着严格的等级秩序，处于统治阶层的公鸡和母鸡统治着整个鸡群。统治权的更替方式为世袭制，一个鸡群的统治者们均出自同一个家族。

　　白天大部分时间，红原鸡都在地上觅食，到了晚上会飞到树上栖息。

鸡冠

公鸡喔喔叫

鸡在大约1万年前开始被人类驯化，世界上所有的家养鸡都是红原鸡的后代。目前地球上大约有190亿只家养鸡，其数量近乎人类数量的3倍。

公鸡的颈部羽毛长而华丽，用来吸引母鸡。

母鸡

红色肉垂

公鸡

后腿上尖锐的刺用来和其他公鸡打斗。

小鸡

　　夏天换羽之后，公鸡的脖子上会长出被称为"冬羽"的暗黑色羽毛。

蓝孔雀

Pavo cristatus

蓝孔雀有着宝石般的羽毛和能产生回音的响亮叫声，到哪儿都是被关注的焦点。雄孔雀的尾巴由200根绿色羽毛组成，形似飘逸的裙摆；而每根羽毛上都装饰着由红色、金色和蓝色组成的闪闪发光的眼状斑点。当有雌孔雀靠近时，雄孔雀会展开自己的尾巴，使之呈扇子形，谁的尾巴最漂亮谁就能吸引最多的雌孔雀。

尾巴上五彩缤纷的眼状斑点

雄孔雀的头顶有一簇王冠似的羽毛。

覆羽可长至一米。

蓝孔雀只有在晚上去树的高处栖息时才会飞行。

哔——喔——

雌孔雀

雄孔雀

2到5只雌孔雀会跟同一只雄孔雀交配，它们共同组成了雄孔雀的"后宫"。

雌孔雀又被叫作"豌豆母鸡"（peahens）。

大红鹳
Phoenicopterus roseus

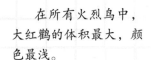

　　大红鹳在温暖的沿海潟湖浅滩上涉水而过，它们每天主要的活动方式是把头倒扎进水中。它们一边在水中行走，一边用长腿搅动藏在泥里的小生物，从中筛选食物。它们以潟湖中的甲壳类和藻类为食，这也让它们拥有了与众不同的颜色。刚出生的大红鹳是白色或灰色的，经过三年的成长，它们身上的颜色才会变得鲜艳起来。

在所有火烈鸟中，大红鹳的体积最大，颜色最浅。

名字的含义是什么？

　　大红鹳（英文名"Greater flamingo"）的名字来源于西班牙词"flamenco"，是"火"的意思，指这种鸟儿的颜色十分鲜艳，就像火一样。

大红鹳把喙中的水吐出去时，喙的边缘如同梳子般的构造会把食物拦下来，这样它就可以吃到食物啦！

当水比较冷时，大红鹳会用单脚站立来保持体温。

繁殖季节里，会有多达2万只大红鹳聚集在一起。它们会合作表演"列队游行"来吸引配偶。

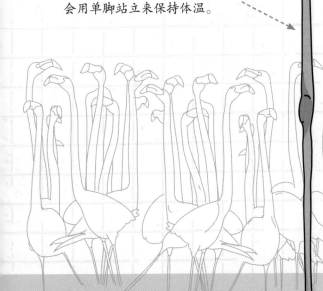

小虾

白鹈鹕
Pelecanus onocrotalus

这种大型水鸟因其黄色喉囊而为人所知。它们的喉囊可以伸缩，容量可达胃的3倍。通过团队协作，白鹈鹕把鱼群赶到浅水处，在这里它们能用喙轻松地将鱼从水中舀出。然后白鹈鹕迅速抬头，排出喙里的水，把鱼吞入喉囊，整个过程一气呵成。

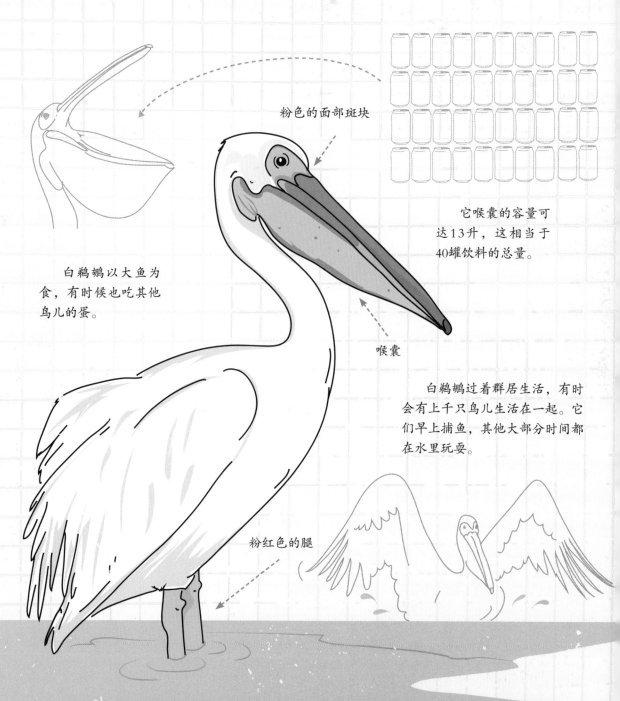

粉色的面部斑块

它喉囊的容量可达13升，这相当于40罐饮料的总量。

白鹈鹕以大鱼为食，有时候也吃其他鸟儿的蛋。

喉囊

白鹈鹕过着群居生活，有时会有上千只鸟儿生活在一起。它们早上捕鱼，其他大部分时间都在水里玩耍。

粉红色的腿

虎头海雕
Haliaeetus pelagicus

　　这种稀有的海雕只在西伯利亚北部繁殖，每年秋天会向南迁徙到日本。日本的冬天相对暖和，在这里虎头海雕在浮冰之间穿梭，从水面捕捉它们最爱吃的鱼。但并不是所有的虎头海雕都会迁徙。那些没有南迁的虎头海雕会在内陆觅食，它们以大一些的猎物为食，比如鸟类和小鹿。

虎头海雕会在水边栖息，暗中观察猎物的动静。

2.5米

1米

高高拱起的钩状喙

它的脚底长着凹凸不平的像通气孔似的东西，这能帮它抓住滑溜溜的鱼。

虎头海雕特别喜欢吃三文鱼。

虎头海雕还会攻击其他鸟类，抢夺它们的猎物。

国宝级动物
虎头海雕在它们生活的地方——西伯利亚和日本，得到了很好的保护。在日本，虎头海雕甚至被官方列为国宝级动物。

游隼
Falco peregrinus

　　游隼是地球上速度最快的动物，是强大而可怕的捕猎者，能以快于F1赛车的速度冲向猎物。它们几乎能在任何一种环境下生存，广泛分布在除了南极洲以外的所有大洲上。它们甚至还以能生活在城市景观中闻名，在这样的环境里，高耸的建筑取代了悬崖峭壁。

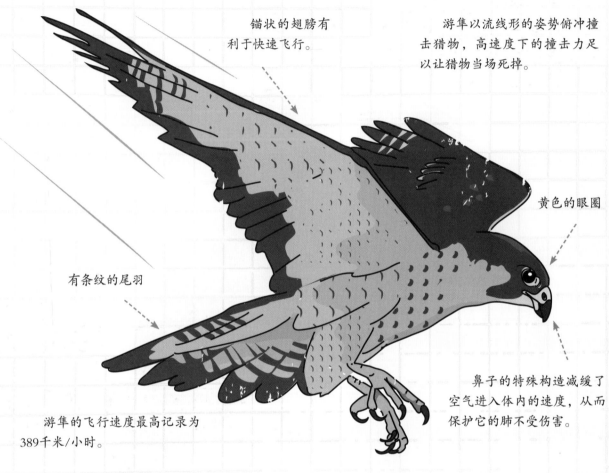

锚状的翅膀有利于快速飞行。

游隼以流线形的姿势俯冲撞击猎物，高速度下的撞击力足以让猎物当场死掉。

黄色的眼圈

有条纹的尾羽

鼻子的特殊构造减缓了空气进入体内的速度，从而保护它的肺不受伤害。

游隼的飞行速度最高记录为389千米/小时。

名字的含义是什么？
　　"游隼"的英文名"Peregrine"一词在过去是指"漂泊者"，指游隼长距离的迁徙。有些游隼每年从北极飞到南美再飞回北极，飞行距离可达25000千米，这几乎相当于地球周长的一半。

鸽子的速度只有90千米/小时，所以不可能飞得比游隼快。

马来犀鸟

Buceros rhinoceros

这种长相奇怪的鸟儿嘴上长着鲜艳的角状盔突，用于进食、放大叫声以及筑巢。和许多其他鸟类一样，马来犀鸟在树洞里筑巢，然后雄鸟会把一家子封在树洞里躲避捕食者。雄鸟会从一个小缝隙给树洞里的家人递食物，直到雏鸟会飞为止。

雄鸟的眼睛是红色的，雌鸟眼睛是白色的。

喙上的盔突质地轻盈，要花6年时间才能长成标准尺寸。

马来犀鸟的喙和盔突由角蛋白组成，人类的指甲也是由这种物质组成。

树洞处的封口能躲避蛇等捕食者的攻击。

90厘米

马来犀鸟的腿短，这让它更善于跳跃而非行走。

抚养后代

雌鸟下蛋之后，雄鸟会把泥土、水果以及粪便混在一起，封住树洞口，只留下一个小小的缝隙来递食物。6周过后，雌鸟会打破封口，出来之后再把树洞重新封好，然后和雄鸟一起去觅食。雏鸟长大到会飞的时候才会破洞而出。

红翅旋壁雀
Tichodroma muraria

这一身手敏捷的鸟儿生活在印度、尼泊尔、中国西藏等多山地区。它们攀爬在近乎垂直的岩石表面上，搜寻岩石缝里的昆虫。它们在海拔1000米到3000米的地方繁殖，到了冬天会移到低海拔地区，这时人们才能经常在建筑物的墙边发现它们。

它的杯状巢由草和苔藓筑成，并牢牢地挤在石缝中或者洞穴里。

它长长的微微弯曲的喙可以伸到岩石缝里抓取昆虫。

大多数鸟巢都有前后两个出入口，这样一旦有了危险，鸟儿还有机会逃离。

向上攀爬时，红翅旋壁雀会展开翅膀以保持平衡。

在繁殖季节，雄鸟的喉部和胸部是黑色的。

大大的脚掌、锋利且弯曲的脚爪让它可以紧紧抓住垂直的岩石表面。

蜘蛛

它的翅膀上的图案有点像蝴蝶的翅膀。

暗绿绣眼鸟
Zosterops japonicas

　　这种精力充沛的鸣禽在它们最喜爱的樱花丛中翩翩起舞，汲取花蜜，捕捉空中的昆虫。它们像是杂技表演者，经常倒挂在树枝上来接近猎物。除开繁殖季节，成群的暗绿绣眼鸟经常出现在花园、公园以及树林中，尤其是在日本。

这种鸟在日本被叫做"Mejiro"，意思是"白色的眼睛"。

这种鸟的体形很小，体重只有10克，大约是一支钢笔的重量。

与众不同的白色眼圈

世界上有98种绣眼鸟，许多亚洲小岛上有着独一无二的绣眼鸟品种。

弯曲的喙有利于伸入花中和捕捉昆虫。

花开季节

　　每年春天，在日本都会举行樱花祭，人们会相聚在樱花下庆祝花儿盛放。同时，成群的暗绿绣眼鸟也会在此享用甜甜的鲜花花蜜。

结成对的鸟儿亲热地为对方梳理羽毛。

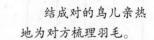

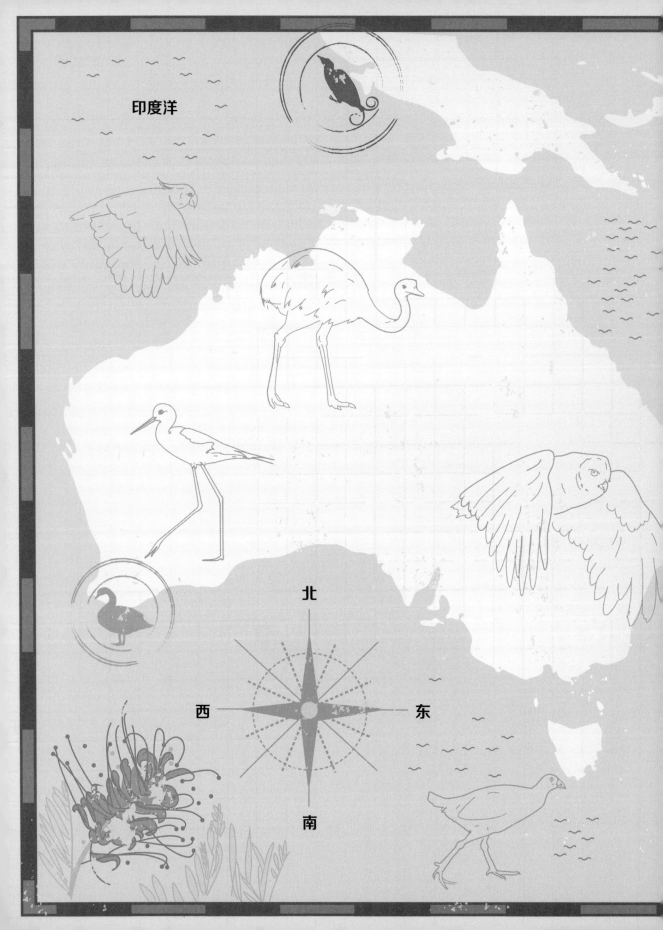

印度洋

北

西　　　东

南

大洋洲

从陆地面积来看，大洋洲是世界上最小的大洲，但它包含了太平洋的广袤区域。目前为止，其最大的岛屿是澳大利亚，同时还包括两万多个小岛。许多岛上都没有人类居住，让这里变成了鸟儿的天堂。然而，在过去几个世纪，人类活动领域迅速扩展，一些外来物种被带到了某些岛上，威胁着当地野生动物的生存。幸运的是，整个大洲都在实施大量的保护措施，以保护当地物种的生存，确保它们有一个安全的未来。

塔斯曼海

双垂鹤鸵
Casuarius casuarius

无毛的脖子，角质的头冠，这种无法飞行的鸟儿看上去像一只恐龙。虽然它们平日里很胆小，但它们有力的脚和内脚趾上长长的刀刃状爪子可以轻易地杀死一个人。因此，它们被很多人认为是世界上最危险的鸟。

头顶上的角质头盔，也称"盔突"，有利于它在茂密的植被中前行。

双垂鹤鸵是世界上第二重的鸟儿，仅次于鸵鸟。它的重量在59千克左右。

1.9米

双垂鹤鸵发出的声音是所有鸟儿中最低沉的，几乎低到了人类无法听到的程度。

丰满的肉垂

双垂鹤鸵的蛋呈鲜绿色，个头比网球还大。

致命的锋利长爪

雏鸟会跟它们的父亲在一起待一年时间。

14厘米

雄鸟负责孵蛋，这期间从不离开巢穴，甚至不吃不喝。它会单独抚养雏鸟。

北岛褐几维鸟
Apteryx mantelli

在人类到达新西兰之前，这座岛屿上的主要生物是鸟儿，唯一的哺乳动物只有蝙蝠和海豹。由于没有天敌的威胁，很多鸟儿丧失了飞行能力，这其中包括几维鸟。不幸的是，这种夜行鸟现在有了多个天敌，所以它们很少冒险出洞。

这种鸟儿脾气很坏，一旦感受到威胁就会猛扑向对方。

它所下的蛋的大小与身体大小的比值高于世界上任何一种鸟儿。

叽喂

它的翅膀只有4厘米长，隐藏在羽毛中。

濒危动物

世界上有5种几维鸟，已全被列为濒危动物。

北岛褐几维鸟是唯一一种鼻孔位于喙尖的鸟儿，它的鼻孔方便用来嗅出昆虫。

强壮的腿和大大的脚有利于跑步和行走。

甲虫

笑翠鸟

Dacelo novaeguineae

这种矮胖的棕色鸟儿喜欢坐在树的高处，发出尖锐的"笑"声——这是笑翠鸟的标志性叫声。它们是翠鸟家族中个头最大的成员，但它们不像家族中的亲戚那样以鱼为食，而是以昆虫、蜥蜴甚至毒蛇为食。

它会发出各种声音来标记领地，包括颤音、"鸣笛"声以及咯咯的"笑"声。

噢噢噢噢
哈哈哈哈

坚硬的喙

45厘

雏鸟会跟父母在一起长达4年，在这期间也会帮助父母照顾新出生的雏鸟。

未成年的笑翠鸟

澳洲弹鼠

花园石龙子

笑翠鸟能吃掉一米长的蛇，通过把蛇摔到地上将其杀死。

滴答滴答

笑翠鸟有一个绰号叫做"丛林人的闹钟"，因为它们每天黎明和黄昏时都会发出叫声。根据当地传说，它们的叫声会在早晨提醒住在天上的人点亮太阳。

笑翠鸟以啮齿动物、爬行动物以及昆虫为食，有时候还会偷吃人类的烧烤。

折衷鹦鹉
Eclectus roratus

　　你可能会看到两只折衷鹦鹉并排站着，身上的颜色却不同。科学家曾经被这两种颜色完全不同的鸟儿迷惑了很多年，以为它们属于不同种类。事实上，这两只折衷鹦鹉只是一公一母的差别：雌鸟长着红色羽毛和黑色的喙，而雄鸟长着亮绿色羽毛和橙色的喙。

　　它们每年都会换不同的配偶，每段关系只持续一个季节。

宽而短的喙

雄鸟

　　它们很喜欢露兜树的果实。

雌鸟

　　它们喜欢群居生活，一个鸟群可多达80只鸟。

聪明的鹦鹉
　　人工饲养的折衷鹦鹉可以模仿人类说话，词汇量大到惊人。

　　在选好筑巢的树洞之后，雌鸟会奋不顾身地守护在那里。

大极乐鸟

Paradisaea apoda

大极乐鸟生活在新几内亚岛上，因它们美丽动人的长羽毛和奇异的求偶表演而闻名。大极乐鸟是所有极乐鸟中最大的品种，大小和乌鸦差不多。大片的侧羽和长长的尾线让大极乐鸟显得比实际大小大很多，看起来是它们的实际身体长度的1.5倍。

黄色的侧羽

雄鸟会在求偶舞蹈表演开始时抬高翅膀，把羽毛聚集在背上。

沃克——沃克

两根一样的尾线

雌鸟全身棕色，这有利于它在筑巢时伪装自己。

名字的含义是什么？

大极乐鸟的拉丁语名字"Paradisaea apoda"的含义是"无脚极乐鸟"，因为最早被带去欧洲的大极乐鸟标本没有翅膀和腿。那时候的科学家以为这种鸟儿靠尾羽飞行，且从不落地。

华丽琴鸟

Menura novaehollandiae

华丽琴鸟拥有一种不可思议的能力：它们几乎可以模仿森林里的所有声音——从其他鸟儿的歌唱声，到电锯声、汽车报警声等人类世界的声音。雄鸟通过发出各种声音来吸引路过的雌鸟的注意，然后非常高调地向雌鸟展示它们闪耀的羽毛。

形似七弦琴的尾羽需要8年时间才能长成。

华丽琴鸟的名字来源于一种类似竖琴的乐器，叫做七弦琴，因为它卷曲的尾巴和七弦琴的形状很像。

12根蕾丝般的羽毛

呜呜 ——

咔哒咔哒 ——

哔哔 哔哔 哔哔 ——

嘀嘀 ——

呼呼

华丽琴鸟可以模仿超过20种鸟儿的叫声，还有手机铃声、手提钻的声音甚至工人的口哨声。

雄鸟用它长长的爪子清理出一个"舞台"，然后在上面进行表演。

81

细尾鹩莺
Maluridae

椭圆形圆顶鸟巢

这种美丽优雅的鸟儿是很受欢迎的花园常客。它们虽然有着天使般的名字，性格却并非如此，凶残地赶跑对手于它们而言是家常便饭。尽管名字里有"鹩"字，但它们并不属于"鹪鹩"这一大家庭。

求偶时，雄鸟会给雌鸟献上花瓣。

壮丽细尾鹩莺
Malurus cyaneus

这种鸟儿大多数时候都是棕色的，只有在交配季节来临之际，雄鸟的羽毛才会变成亮蓝色。

壮丽细尾鹩莺以家庭为单位生活在一起。没有繁殖后代的鸟儿会帮助抚养家庭里的雏鸟。

雌鸟全年都是棕色的。

铁蓝色的雄鸟

这种领地意识强烈的鸟儿会通过鸣叫赶跑敌人。

辉蓝细尾鹩莺
Malurus splendens

当雄鸟想要吸引雌鸟时，它们的羽毛会变成铁蓝色，这样，就算是在干旱的灌木丛林地或者沙漠这样偏僻的地方，它们也能被注意到。

"认母暗语"

在雏鸟还未孵化时，雌鸟会发出一种特别的叫声，这种叫声其实是它们秘授给雏鸟的"认母暗语"。等到雏鸟孵化出来，它们需要用暗语证明自己的身份才能得到食物。

辉亭鸟
Sericulus aureus

　　辉亭鸟（英文名"bowerbird"，意为"凉亭鸟"）会用树枝精心编织成一个凉亭，然后用花儿和蜗牛壳精心装饰凉亭，这就是它们名字的来由。而所有这些努力，都是为了诱惑雌鸟过来交配。一旦有雌鸟停在这里，雄鸟便马上开始它们的求偶舞蹈表演，用它们红色和金色的羽毛翩翩起舞。

雄鸟可以张大它的瞳孔。

礼物

有些鸟儿会用塑料碎片装饰自己的凉亭。

凉亭基本上按照隧道的形状来建，有些凉亭可达1.5米长。

求偶舞蹈表演的内容包括快速前后拍打翅膀。

求偶舞蹈表演：
一步一步来

　　一旦雌鸟进入凉亭，雄鸟会张大瞳孔，并发出哮鸣声，然后开始跳舞，前后拍打翅膀。最后，雄鸟给雌鸟献上礼物，并用头轻撞雌鸟胸脯，结束表演。

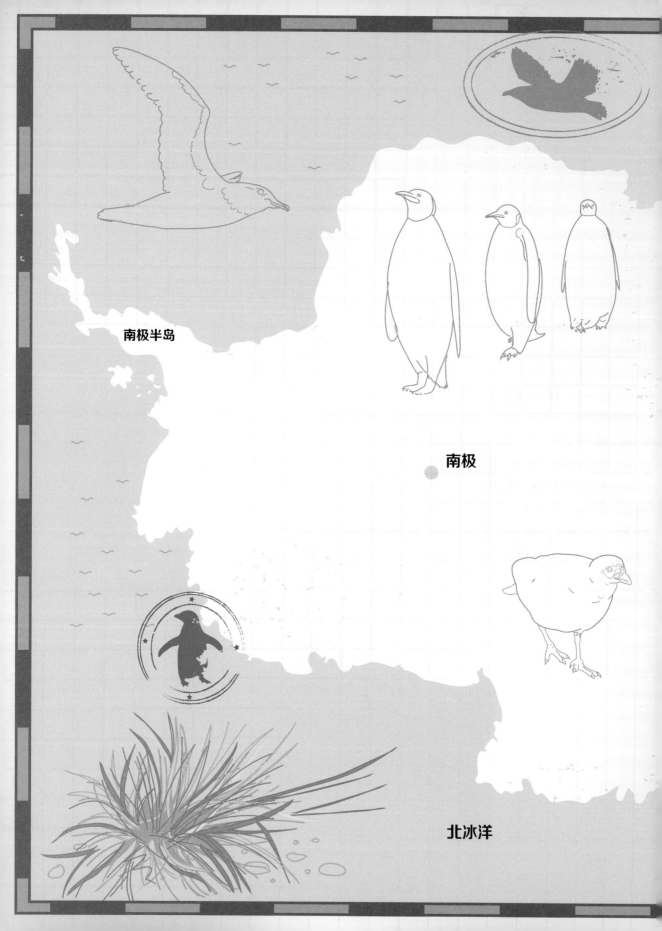

南极半岛

南极

北冰洋

南极洲

  南极洲是世界上最冷的地方，它坐落在地球的最南端，被冰雪覆盖，最低气温可达零下90摄氏度。南极洲大约99%的陆地都被超过1千米厚的冰层覆盖，淡水含量占世界淡水总量的70%。但由于降雨量少，这里也是世界上最干燥的地方。这样恶劣的自然环境给当地野生动物的生存带来了严峻的挑战。除了少量在当地做研究的科学家，该大洲几乎无人居住。不过，这里是很多鸟儿生活的家园，包括翱翔的海鸟和群居的企鹅。

北

西　　　　　东

南

企鹅
Spheniscidae

这种不能飞的鸟儿在陆地上显得很笨拙，但在水下十分优雅，其游泳的速度比它们的天敌豹形海豹还快。它们只生活在南半球，居住在地球上环境最恶劣的地方，勇敢地对抗着零下60摄氏度的低温。不过，尽管大多数企鹅生活在南极洲，还是有些企鹅生活在更靠近赤道的相对温暖的地方。

黄色的耳袋

1.2米

帝企鹅雏鸟

南极洲的气温可低至零下60摄氏度，风速高达200千米/小时。

帝企鹅
Aptenodytes forsteri

帝企鹅是所有企鹅中最高的，也是唯一一种冬天在南极洲繁殖的企鹅。雌企鹅下完一颗蛋后，会离开繁殖基地，步行35千米到海里觅食。在雌企鹅回来之前，由雄企鹅负责照料企鹅蛋，它们会把蛋平稳地放在双脚上长达2个月。

雄企鹅会把蛋放在孵卵斑下给它保暖。

帝企鹅层层的羽毛能隔绝冷空气，从而起到保暖的作用。在极端严寒的时候，它们还会紧紧挤在一起互相取暖。

红色的眼睛

每对企鹅会下两颗蛋，通常情况下只有一颗蛋最终能孵化出来。

黄色的羽冠

马卡罗尼企鹅
Eudyptes chrysolophus

在18世纪，有一群被称为"马卡罗尼斯"（Macaronis）的男人喜欢戴着惹人注意的假发，而这种企鹅头顶上恰好长着醒目而形似假发的黄色羽冠，所以它们被命名为马卡罗尼企鹅（英文名"Macaroni penguin"）。每年，它们会花6个月的时间在海里捕鱼，然后在亚南极地区的多岩石岛屿上筑巢。

圆圆的白色眼圈

阿德利企鹅的颜色能在它游泳时起到很好的伪装作用：从下面看，它白色的肚皮与明亮的天空融为一体；从上面看，它黑色的背部与深水融为一体。

平底雪橇滑雪式的行动方式

阿德利企鹅
Pygoscelis adeliae

这种厚脸皮的、体形中等大小的企鹅成群结队地在南极洲的海岸和岛屿上筑巢。它们用成堆的岩石和卵石来筑巢，淘气的企鹅经常从附近其他巢穴里偷石头！

阿德利企鹅为了觅食会走很远的路，经常把肚皮当作平底雪橇在冰上滑行。

漂泊信天翁
Diomedea exulans

这种鸟儿有着世界上最长的翼展，能顺着气流一次性滑翔数小时而不用挥动翅膀。神奇的是，它们还有着惊人的嗅觉，能追踪鱼的气味15千米并最终吃掉它们。

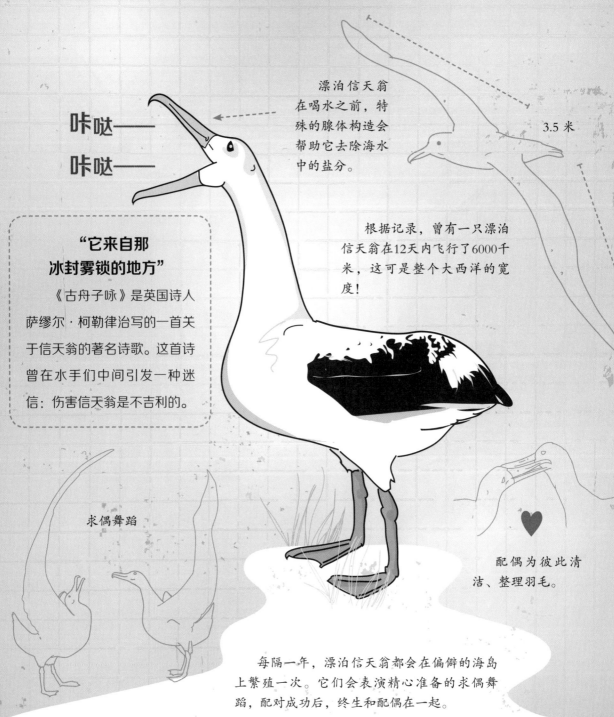

咔哒——

咔哒——

漂泊信天翁在喝水之前，特殊的腺体构造会帮助它去除海水中的盐分。

3.5 米

**"它来自那
冰封雾锁的地方"**

《古舟子咏》是英国诗人萨缪尔·柯勒律治写的一首关于信天翁的著名诗歌。这首诗曾在水手们中间引发一种迷信：伤害信天翁是不吉利的。

根据记录，曾有一只漂泊信天翁在12天内飞行了6000千米，这可是整个大西洋的宽度！

求偶舞蹈

配偶为彼此清洁、整理羽毛。

每隔一年，漂泊信天翁都会在偏僻的海岛上繁殖一次。它们会表演精心准备的求偶舞蹈，配对成功后，终生和配偶在一起。

北极燕鸥

Sterna paradisaea

每年，北极燕鸥都会进行一场史诗般的大迁徙——往返于地球的南极与北极，全程40000多千米，这是世界上最远的动物迁徙。当北半球处于夏季时，它们在这里繁殖；在北半球冬季到来之前，它们向南飞到南极洲，在那里，夏天才刚刚开始。这意味着北极燕鸥从来没有经历过冬季。

北极燕鸥能以50千米/小时的速度俯冲去捕鱼。

头顶的黑色羽毛像一顶帽子。

北极燕鸥长长的带状尾巴像燕子一般，所以它有了"海燕"这个外号。

在起飞之前，成群的鸟儿会变得特别安静，这一刻被称为"恐惧时分"。

繁殖季节，它的喙和脚会从黑色变成红色。

北极燕鸥的迁徙路线：

北极

南极

带我飞上月球！

北极燕鸥的寿命可达30年。它们一生的迁徙路程可达270万千米，这相当于从地球到月球往返3次的距离。

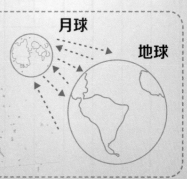

月球

地球

出 品 人：陈 垦
策 划 人：仲召明
出版统筹：戴 涛
监 制：余 西
编 辑：廖玉笛
装帧设计：祝小慧

欢迎出版合作，请邮件联系：insight@prshanghai.com
新浪微博：@浦睿文化